KB160997

알기 쉬운

철도교통시스템론

알기 쉬운
철도교통시스템론

원제무 · 박정수 · 서은영 지음

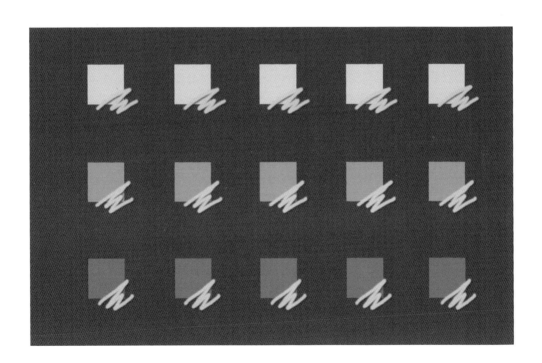

KSi 한국학술정보㈜

머리말

철도는 우리 삶에 있어서 기본적인 이동수단으로 자리 잡은 지 오래되었다. 철도의 우리 경제·사회 발전에서의 핵심적인 역할에 비해 철도분야의 정책, 운영기술에 대한 연구나 방법론들은 아직 정밀화와 체계화 작업이 미흡해 보인다.

현대 철도에 관한 연구는 철도의 특성, 시스템, 운영방식과 이들 요소가 미치게 되는 영향에 대해 더 민감한 관심을 가져야 할 것이다. 이런 관점에서 이 책은 그동안 철도에 관해 제시된 여러 방법론과 이론을 가다듬고 정리한 것이다. 이 책이 우리나라 철도시스템에 관한 연구와 실용적 응용에 관해 중요한 준거를 제시해줄 것으로 기대된다.

이 책에서는 우리에게 기존에 알려졌던 철도시스템 관련 방법들을 더욱 알기 쉽게 서술하고자 했다. 철도 르네상스시대로 가는 길에 있어서 새로운 철도 운영적 과제를 찾아내고, 방법론을 다듬어야 한다는 차원에서 만들게 되었다.

이 책은 이런 관점에서 철도시스템의 특성·기술·운영계획 및 전략에 대한 방법론과 이론을 종합적으로 정리한 것이다.

철도에 대한 기술적 운영과제와 방법론에 대해 고민하고 느껴보는 일은 참으로 보람이 있는 작업임을 알았다. 그러면서 철도 르네상스란 화두를 던져 놓고 진심으로 배워야 할 것은 철도를 올바르게 사랑하는 일임을 깨닫게 되었다.

이 책이 철도공학, 철도정책, 철도경영, 철도기술, 도시공학, 토목공학 등 철도와 관련된 다양한 연구 분야에서 학부 고학년과 대학원 과정의 교재 또는 참고서가 되어 도움이 되기를 바란다.

끝으로 이 책이 만들어질 때까지 직·간접적으로 도움을 준 많은 분들, 이 책의 편집과

교정을 도와준 한양대학교 도시대학원 도시공학연구실 석·박사 과정 학생들과 특히 열정을 다해 준 한양대학교 도시대학원 이준범·임지훈 석사와 한국학술정보(주) 채종준 대표이사님, 출판사업부 이주은 씨에게 감사드린다.

2012년 6월

원제무·박정수·서은영 씀

제2부 철도차량의 특성 및 움직임

제3부 철도선로(線路)

제4부 철도교통시스템

제5부 철도시설 및 설비

제1부

철도의 이해 및 공급

1장 / 철도의 이해

1. 교통의 이해

1.1 교통의 개념

1) 교통이란 무엇일까?

① 사람이나 화물을 한 장소에서 다른 장소로 이동시키는 모든 활동 혹은 과정
② 장소와 장소 간의 거리를 극복하기 위한 행위
③ 사람의 움직임에 편의를 제공하는 수단

2) 교통의 3요소

교통주체	교통수단	교통시설
• 사람 • 물건	• 자동차, 버스 • 철도, 지하철 • 비행기 • 선박	• 교통로 (도로, 철도, 운하, 항로) • 역 • 주차장 • 공항 • 항만

1.2 교통의 기능 및 역할

1) 교통의 기능

① 승객과 화물을 일정 시간에 목적지까지 운송
② 문화, 사회 활동 등을 수행하기 위한 이동수단 제공
③ 도시화를 촉진시키고 대도시와 주변도시를 유기적으로 연결
④ 생산성 제고와 생산비 절감에 기여
⑤ 유사시 국가방위에 기여
⑥ 도시 간, 지역 간의 사회, 정치적 교류 촉진
⑦ 소비자에게 다양한 품목을 제공하여 교역의 범위를 확장

2) 교통의 분류

구분	목표	범위	교통체계	통행특성
국가교통	국토의 균형발전을 위한 교통망 형성	국가 전체	고속도로 철도 항공 항만	국가 경제발전을 위한 장거리 교통
지역교통	지역의 균형발전 지역 간 이동촉진	지역	고속도로 철도 항공	장거리 이동을 통한 지역 간의 교류
도시교통	도시 내 교통효율 증대 대량 교통수요의 원활한 처리	도시	간선도로 도시고속도로 지하철, 전철 버스, 택시 승용차	단거리 이동 대량수송 특정지역에 집중 2회의 피크 발생
지구교통	지역 내 자동차 통행제한 안전, 쾌적한 보행자 공간 확보 대중교통 체계의 접근성 확보	주거단지 상업시설 터미널	보조간선도로 이면도로 주차장	지구 내의 교통처리

1.3 교통의 문제와 장래 교통의 전망

1) 교통의 문제점

교통문제의 유형

- 지역 및 도시공간구조와 교통 체계간의 부조화
- 철도와 같은 대중교통시설 공급의 부족
- 교통시설에 대한 운영 및 관리의 미숙
- 교통계획 지향적 사고의 미흡
- 정책 및 행정의 거버넌스 체계 미흡
- 교통수단간의 환승시스템 미흡
- 대중교통수단 간의 연계 네트워크 미흡

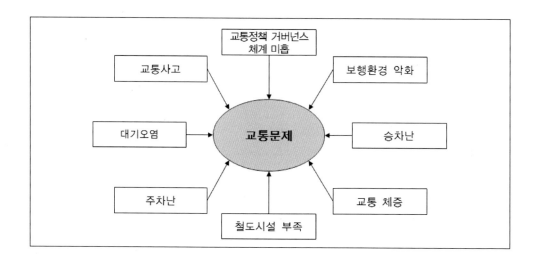

2) 장래 교통 여건의 변화

- 자동차로 인한 사회비용의 지속적인 증가
- 소득 증대로 인한 고속, 양질의 교통 수요의 증대
- 생활 양식의 변화로 인한 교통 수요의 다양화
- 국제화 시대의 도래
- 대중 교통 서비스의 질에 대한 욕구 증가
- 인구의 고령화와 고령층의 생활양식 변화
- 환경에 대한 중요성 인식
- 도시개발과 교통 체계간의 상호연관성 인식
- ICT로 인한 정보사회의 진전
- ITS(지능형교통체계)에 의한 스마트 교통(Smart Transport) 사회로 진입
- 철도역 등 주요교통시설에 대한 복합용도개발 욕구 증대
- 편리한 환승에 대한 통행자의 욕구 증대

2. 철도교통의 이해

2.1 철도교통이란 무엇인가?

1) 철도교통이란?

① 일반적 정의
- 철로 위에 동력장치를 갖춘 차량을 주행시켜 사람과 화물을 대량 수송할 수 있는 교통수단
- 일련의 토지 위에 강제(鋼製) 궤조(軌條)를 부설하고 그 위에 차량을 운전하여 여객이나 화물을 운송하는 설비 및 수송체제를 말함

② 법적 정의

정의	철도산업발전기본법, 철도건설법	· 여객 또는 화물을 운송하는데 필요한 철도시설임 · 철도차량 및 이와 관련된 운영·지원체계가 유기적으로 구성된 운송체계임
	광의의 철도	· 레일 또는 일정한 가이드웨이에 유도되어 여객, 화물운송용 차량을 운전하는 설비임 · 철도종류 : 점착철도, 강색철도, 가공삭도, 모노레일, 신교통시스템, 자기부상열차임
	협의의 철도	· 레일을 부설한 노선위에 동력을 이용한 차량을 운행하여 사람과 물건을 운반하는 교통시설임

2) 한국철도의 시작

- 1814년 스티븐슨이 증기기관차를 발명하여 동력이 기계화되면서 철도교통이 시작되었으며, 1825년 영국이 철도 건설을 시작하자 세계 여러 나라 나라에서 철도의 건설이 시작됨
- 1899년 경인철도(노량진∼제물포) 33.24km의 건설을 계기로 한국철도시대의 서막을 열게 되었음
- 당시의 철도는 Mogul 형 증기기관차로 화물의 운송을 담당하기 위한 교통수단으로 도입되었음

3) 철도교통의 특징

- 대량수송성
- 안전성
- 에너지 효율성
- 고속성
- 정시성
- 쾌적성
- 저오염성

4) 철도의 종류

일반철도	• 열차의 속도, 곡선 및 기울기 등에 따라 구분됨 • 고속선, 1급선, 2급선, 3급선, 4급선으로 구분
도시철도	• 도시교통 권역 안에서 건설하는 철도 • 도시교통의 원활화를 위한 수단으로 대도심 교통완화에 활용
고속철도	• 전용노선을 통해 고가속, 고감속 성능과 총괄 제어기구를 갖춘 철도로 시간가치를 중시하는 차세대 철도교통 수단
경량전철	• 대도시의 지하철에 대응하여 조용하고 고가화가 가능한 교통수단 • 건설비가 적게 소요되고 무인운전이 가능

2.2 철도교통의 분류

1) 기술적인 분류

동력에 의한 분류	• 증기철도, 전기철도, 내연기관철도
궤도간격별 분류	• 표준형 철도, 광연철도, 협연철도
선로 수에 의한 분류	• 단선철도, 복선철도, 3선철도, 2복선철도, 3복선철도, 4복선철도
구동 및 견인방식에 의한 분류	• 점착식 철도, 치차레일식 철도, 인크린드 철도, 강색철도
시공지면별 분류	• 지표철도, 교량철도, 지하철도
운행속도별 분류	• 완속철도, 고속철도, 초고속철도
선로등급별 분류	• 고속선, 1급선, 2급선, 3급선, 4급선, 공장선 및 자갈선로

2) 법적 · 경영적인 분류

법적인 분류	• 국유철도, 지방철도, 전용철도, 연도
소유자에 의한 분류	• 국유철도, 공유철도, 사유철도

3) 경제적인 분류

수송의 중요도별 분류	• 간선철도, 주요선철도, 지선철도
수송대상별 분류	• 일반철도, 여객전용철도, 화물전용철도, 특수화물수송전용철도
수송목적별 분류	• 도시 간 철도, 도시고속철도, 개척철도, 관광철도, 군용철도, 산림철도, 임항철도, 산업철도

2.3 철도의 구성

1) 철도의 구성요소

- 철도는 일정한 선로(Guideways)를 따라 차량을 운행하는 총체적인 시스템(Total Systems)으로 철도의 구성요소는 크게 6가지 사항으로 구성됨

2) 철도의 구성요소별 내용

구성요소	내용
선로 (Permanent Way)	• 철도설비 중 가장 기본적인 것으로 노반과 노반구조물(교량, 터널 등), 연로, 철도방호시설, 방재시설 등의 부속시설이 이에 포함됨
차량 (Rolling Stock)	• 차량은 운행의 동력을 만들고 선로 위에서 운전을 하는 기관차(Locomotive)와 객차(Passenger Coach)와 화차(Freight Wagon)를 총칭함
정류장 (Station)	• 승객이 승하차하고 화물의 적하와 같은 영업행위를 하고, 열차의 조성과 열차의 교행, 차량의 정차 등과 같은 차량의 운전 및 보안상의 필요한 조치를 취하는 장소임
보완설비 (Safety Appliance)	• 철도의 안전한 운행을 보조하는 수단으로 신호장치, 연동장치, 폐쇄장치, 열차운전제어장치, 열차집중제어장치, 진로제어장치, 차량제어장치, 원격제어장치, 건널목보안장치 등으로 구성됨
통신설비 (Communication System)	• 열차운행의 안전성과 정확성, 능률성을 확보하기 위한 장치로 전신, 유무선 전화, 전기시계, 좌석예약장치 등이 이에 해당됨
기타 부속설비	• 제작설비, 공작기계설비, 자재용품 보급설비, 기술연구 실험설비, 교육훈련설비 등이 필요함

2.4 철도교통의 편익

① 정시에 출발과 도착, 정해진 배차간격대로 운행
② 반나절 및 1일 생활권 촉진
③ 높은 에너지 효율
④ 대기오염의 감소 및 온실효과의 원인인 배출물의 억제
⑤ 도로·항공 수송의 혼잡 완화
⑥ 교통사고의 감소
⑦ 교통시설을 위한 건설용지의 소요화
⑧ 지역경제 활성화 기여
⑨ 화물 운송의 효율성 증대
⑩ 토지이용의 복합화 증대
⑪ TOD등을 통한 환승 편리성 및 장소 만들기에 기여
⑫ 각계각층의 이용자에게 고용량 대중교통서비스 제공으로 사회적 형평성 도모

2.5 철도의 미래

1) 철도의 발전방향

① 철도르네상스로서 지역균형발전의 도모
② TOD 개발을 통한 철도중심사회의 구현
③ 대륙을 잇는 횡단철도의 건설을 통한 세계화에 기여
④ 철도의 속도 향상을 통한 승객의 시간단축으로 통행자의 경제활동에 기여

2) 2020년 철도투자의 미래

2010			철도규모	2020		
	· 철도거리	3,557km		· 철도거리	4,934km	
	· 복선화율	50%		· 복선화율	79%	
	· 전철화율	60%		· 전철화율	85%	
	· 일반철도 고속화율	0%		· 일반철도 고속화율	20%	

* 자료: 한국철도시설공단(KRRI), 2012 Vol.42

3) 철도투자를 통한 녹색성장 구현

① 전국 2시간대 생활권 구축
- 5+2 광역경제권을 중심으로 핵심 도시마다 고속철도로 연결
- 기존선 미건설 중인 철도선 고속화

② 철도운행 속도개선을 통한 단거리화
- 고속철도 운행 최고속도를 305km/h → 350km/h 상향 조정
- 일반철도 운행 최고속도를 120km/h → 230km/h 상향 조정

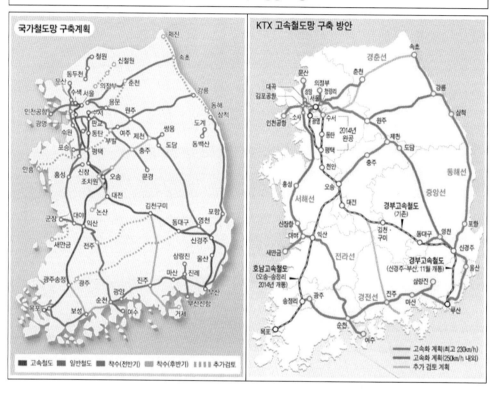

1. 교통이란 무엇을 의미하는지 생각해 보자.

2. 교통의 3요소는 무엇으로 구성되어 있나?

3. 교통의 기능에 대해 아는 바를 생각해 보자.

4. 지역교통과 도시교통의 다른 점은 무엇인가?

5. 철도는 국가교통, 지역교통, 도시교통, 지구교통 중 어느 교통에 관련이 되는가?

6. 도시교통 문제와 도시철도의 역할에 대해 고민해 보자.

7. 장래교통 여건변화가 철도교통에 어떤 영향을 미칠까?

8. 철도교통의 특징에 대해 살펴보자.

9. 철도종류에는 어떤 것들이 있나?

10. 경량전철은 다른 철도시스템과 비교할 때 어떤 장점이 있나?

11. 철도를 선로등급별로 구분해 보자.

12. 철도를 구동 및 견인방식으로 분류하면 어떻게 되는지 생각해 보자.

13. 철도의 구성요소는 어떻게 되나 생각해 보자.

14. 우리나라 철도의 2020년의 모습을 지표로 그려 보자.

15. 우리나라 현재의 철도연장과 장래 철도연장에 대해 살펴보자.

16. 우리나라 철도의 발전방향에 대해 고민해 보자.

17. 철도정책과 국가 녹색성장 간의 관계를 살펴보자.

18. 철도가 어떻게 국가 녹색성장에 기여하는지 고민해 보자.

19. 우리나라 철도발전에 장애요소는 어떤 것들이 있는지 생각해 보자.

1. 철도의 운행시간·속도·거리

1.1 철도의 속도

1) 표정속도

> 전체 운행거리를 정차시간 및 제한속도, 운전시간 등을 포함한 운전분으로 나눈 값으로 열차의 속도라고 볼 수 있으며, 열차운전시각표(다이아)를 만들 때 바탕이 되는 속도임

$$표정속도 = \frac{총\ 운전거리}{정차시간\ 등을\ 포함한\ 구간\ 총\ 운전시분}$$

표정속도가 향상되면 어떻게 될까?

표정속도의 향상방안

열차운전계획 개선	차량의 가감속 성능 향상
직통열차, 급행열차 주요역 정차, 격역 정차 등 열차의 운행 변화	가감속 성능 향상을 위한 열차의 성능 변화

표정속도 향상에 따른 효과

① 시간가치를 중요시하는 승객요구에 부응, 수송서비스 향상

② 철도이용객 증가로 인한 수익증대

③ 차량, 승무원 운용효율 증대

④ 타 교통 기관과 경쟁력 강화

2) 균형속도(등속주행속도)

> 열차의 견인력과 견인차량의 열차저항이 서로 같아서 등속운전을 할 때의 속도임(견인력 = 열차저항)

- 동력차의 견인력과 열차의 각종 저항이 균형을 유지하면서 등속 주행할 때의 속도

(1) 균형속도의 특징

- 가속도가 발생하지 않고, 동일속도를 유지
- 최고운전속도는 바로 균형속도에 의해서 결정됨
- 제한기울기 결정 시 고려하여야 함
- 견인력이 열차저항보다 클 때 가속되고, 적을 때는 감속

견인력(Tractive Force)이란?

- 기관차가 열차를 끄는 힘으로서 철도차량의 경우 전기를 동력원으로 하고 있음
- 견인력 = 열차차륜에 걸리는 총 하중 × 견인력계수
- 견인력 전달과정

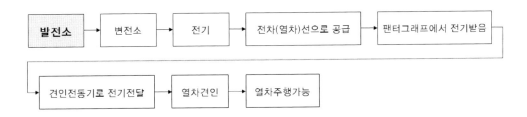

(2) 가속력, 감속력, 등속주행

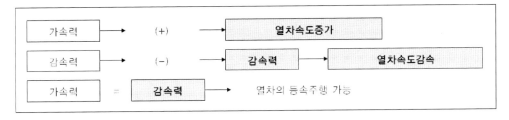

3) 최고속도(Maximum Speed)

- 운전 중 낼 수 있는 최고속도(5초 이상 지속)로서 교통기관의 이미지 제고상 상징적으로 중요함
- 기관차의 성능, 선로조건의 영향을 받으며, 열차종별, 궤도구조에 의해 제약을 받음

- 선구의 선형, 궤도구조 등의 선로상태와 동력차의 성능에 따라 운전규정상 허용된 최고속도
- 열차는 규정된 최고속도를 넘어 주행할 수 없음

4) 설계속도

새로운 철도건설 또는 기존선 개량 시 시설물의 설계기준이 되는 최고속도

(1) 등급별 설계속도

선로등급	고속선	1급선	2급선	3급선	4급선
설계속도 (km/h)	350	200	150	120	70

(2) 선로등급별 설계속도 제정내용

- 고속선: TGV, ICE, 신간센 등을 통해 경부고속 철도건설 시 제시한 속도를 기준 제정
- 1급선: 고속철도 하한속도인 200km/h를 기준 제정, 철도건설법·철도건설규칙에서 200km/h 이상을 고속철도로 규정
- 2급선: 현재 동력차의 최고속도가 디젤기관차 150km/h, 전기기관차 160km/h인 점을 감안하여 150km/h로 제정
- 3급선: 현재 전동차의 최고속도가 110km/h인 점을 감안하여 120km/h로 제정
- 4급선: 공장선·인입선 등의 건설에 대비하여 70km/h로 제정

5) 속도향상과 효과

(1) 속도향상의 제약요인

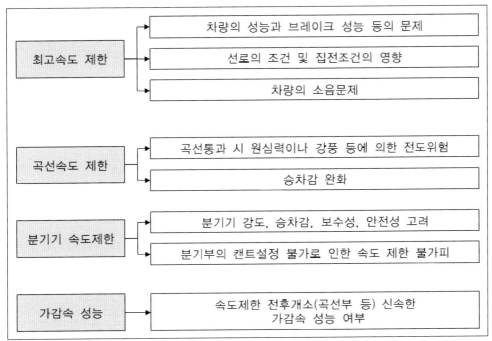

(2) 향상 방안과 효과

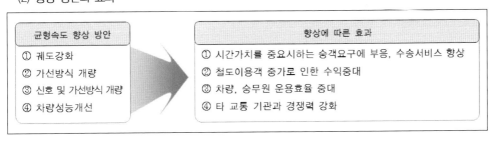

1.2 철도 이동거리

1) 과주거리

과주거리란 제동이 작동되어 열차가 가진 운동에너지가 제륜자와 차륜과의 마찰에 의해 열에너지로 변환되면서 열차가 정차할 때까지 주행한 거리로서, 제동가속도의 자승에 비례하고 차량중량에 비례함

과주거리의 적용

① 정거장에서 열차의 도착을 주목적으로 부설된 선로의 유효장은 도착열차의 최대길이에 열차과주, 제동, 신호 주시거리를 감안하여 확보되어야 함
② 객차전용선 및 전동차 선로는 차량의 편성 수에 의해서 정하여야 함

객차전용선 유효장＝여객열차길이+기관차길이+C

C＝과주여유길이(5m)+제동여유길이(5m)+신호 주시거리(10m)＝20m

여기서, 전차 및 전기동차는 기관차 길이(20m)
객차편성 시 최대의 경우(20m×객차 수)
열차정지 위치 여유(과주, 제동)는 전후 각 5m 이상
출발신호기 주시거리: 10m 이상

과주여유거리(overruning allowable distance)

차량의 제동성능 저하, 기관사의 과실 등으로 열차가 제 위치에 정지하지 못하고 과주하더라도 이로 인한 사고를 방지하기 위하여 설정한 여유구간이며 과주여유거리의 기준은 다음과 같음

① 화물열차: 20m(전후 각 10m)
② 여객열차: 4량 편성 이하 10m, 5량 편성 이상 20m

2) 제동거리(Braking Distance)

기관사가 제동변 핸들을 제동위치로 이동시킨 후, 열차가 정지할 때까지 주행한 거리임

제동거리＝공주거리(S_1)＋실제동거리(S_2)

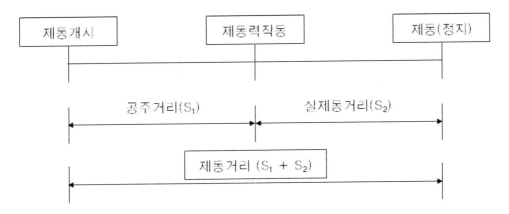

공주거리	실제동거리(과주거리)
① 공주시간: 제동변 핸들을 제동위치에 둘 때, 제동개시부터 제동력이 작용할 때까지의 시간 ② 공주거리: 열차가 공주시간 동안 주행한 거리 ③ 공주거리 일반식 $$S_1 = \frac{V}{3.6} \times T_1$$ 여기서, S_1: 공주거리(m) 　　　　 V: 제동속도(km/h) 　　　　 T_1: 공주시간	① 실제동거리: 열차에 제동력이 유효하게 작동한 후부터 정지할 때까지의 거리 ② 실제동거리 일반식 $$S_2 = \frac{4.17\,V^2}{\dfrac{P}{W}\mu + (\gamma_1 + \gamma_2 + \gamma_3)}$$ 여기서, P: 제동통시스톤압력(kg) 　　　　 V: 제동속도(km/h) 　　　　 W: 열차전중량(kg) 　　　　 μ: 평균마찰계수 　　　　 γ_1: 주행저항(kg/ton) 　　　　 γ_2: 곡선저항(kg/ton) 　　　　 γ_3: 기울기저항(kg/ton)

전제동거리산정　전제동거리(S)＝공주거리(S_1)＋실제동거리(S_2)

$$S = \frac{V}{3.6}\,T_1 + \frac{4.17\,V^2}{\dfrac{P}{W}\mu + (\gamma_1 + \gamma_2 + \gamma_3)}$$

① Brake Shoe(제륜자)를 이용한 제동장치

· 철도차량에서 가장 많이 사용

· 차륜답면과 주철 제륜자 사이의 마찰력을 이용

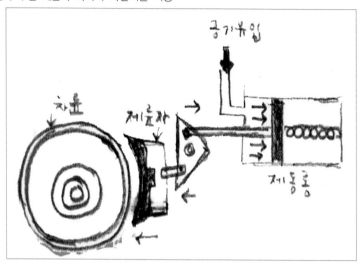

② 디스크 제동장치

· 마찰기계 제동장치

· 제동부하 큰 철도차량

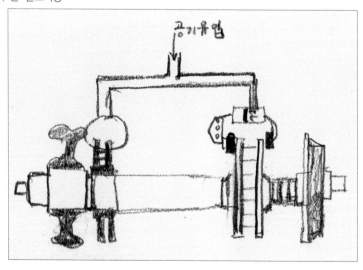

③ 전기제동장치

· 전기차량의 차륜을 회전시키는 주전동기의 회로변경에 의해 발전기로 변화시켜 전기제동 작용

3) 공주거리(Idle Running Distance)

주행 중 운전자가 전방의 위험상황을 발견하고 브레이크를 밟아 실제 제동이 걸리기 시작할 때까지 열차가 진행한 거리

공주시간	제동력의 75%가 작용할 때까지 열차가 주행한 시간

① 기관사가 주행 중 제동핸들을 제동위치에 놓은 시점부터 제동력의 75%가 작용할 때까지의 주행거리
② 차량이 고속주행 시 차량을 제동시키면 공주거리가 길어짐
③ 주행시간 단축을 위해서는 공주거리가 짧아야 함

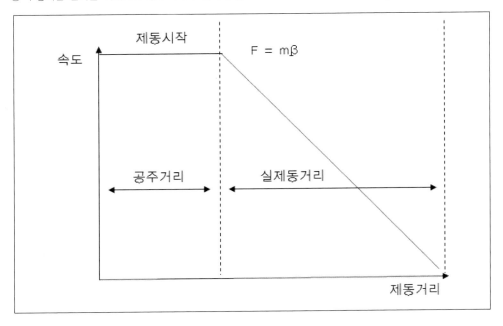

2. 노선용량

2.1 선로용량(Track Capacity)

1) 선로용량은 무엇일까?

- 선로용량(Track Capacity)은 '어떤 선구에 하루 또는 한시간동안 몇 개의 열차를 운행할 수 있는가?'를 의미함
- 특정선구의 열차설정능력을 표시하는 수치를 선로용량이라 함
- 대도시의 전차선구에서는 러시아워(피크 시 집중)의 열차설정능력이 중요하기 때문에 피크 1시간당 몇 회로 표시함

2) 일반적인 선로용량

구분	단선	복선
용량	70~100회/일	일반열차 전용선: 120~140회/일 전동차와 일반열차 혼용: 200~280회/일 전동차 전용선: 340~430회/일
특징	① 역간길이가 짧고 균일할수록 큼 ② 열차종류가 적고, 열차속도가 높으면 큼 ③ 폐색취급이 간편할수록 큼	① 차량성능개선, 신호방식의 개량 등으로 종래의 복선선로 용량이 단선의 약 3배(200회 이상) 이상으로 가능 ② 역 착발선의 다소, 분기기 배치, 제한속도 등에 의해 선로용량 변화

2.2 선로이용률

1) 선로이용률이란?

- 1일 24시간 중 열차를 운행시키는 시간대의 비율
- 설정열차의 사명이나 선로보수 등에서 55~75%를 취하며 표준 60%로 함

$$f = \frac{t_{run}}{T} \times 100\,(\%)$$

여기서, f: 선로이용률(%)

t_{run}: 열차선정 가능시간(분)

T: 1일 1,440(분)

2) 일반적 개념식

- 선로이용률은 단선 60%, 복선 60~75%를 적용
- 용량산정구간은 일반적으로 역 간을 1개 용량 기준구간으로 함

$$선로이용률 = \frac{임의선로의\ 이용\ 가능한\ 열차\ 총\ 회수}{임의선로의\ 계산상\ 가능한\ 열차\ 총\ 회수}$$

3) 선로이용률의 영향인자는 무엇인가?

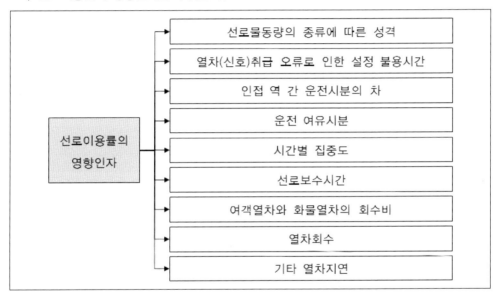

선로이용률의 영향인자

- 선로물동량의 종류에 따른 성격
- 열차(신호)취급 오류로 인한 설정 불용시간
- 인접 역 간 운전시분의 차
- 운전 여유시분
- 시간별 집중도
- 선로보수시간
- 여객열차와 화물열차의 회수비
- 열차회수
- 기타 열차지연

2.3 선로용량 설계

1) 선로용량 조사방법

① 한계용량
- 특정선구의 최대수용 가능한 열차회수
- 기존선구 간 수송능력 한계를 판단

② 실용용량
- 일반적인 선로용량
- 한계용량×선로이용률

③ 경제용량
- 수송력 증강 대책 마련 및 착공시기에 대한 지표
- 최저의 수송원가가 되는 열차회수

2) 열차 이용가능 회수 산정

- 열차운전은 수요특성 및 선로보수 등에 따라 유효 운전 시간대가 제약되기 때문에 실제 이용가능한 총 열차회수와 계산상 가능한 총 열차회수는 차이가 있음
- 선로별로 특성에 따라 선로이용률을 결정, 이용가능한 열차회수를 산정하여 사용하여야 함
- 국철에서 복선은 일본의 산악식을, 단선 및 전동차의 전용선은 일본의 간이식을 주로 사용

3) 선로용량 산정 시 고려사항

- 선로이용률
- 열차속도(표준 운전시분)
- 열차의 속도 차
- 열차의 운전시분
- 운전 여유시분
- 열차의 유효시간대
- 선로보수시간
- 열차간격 및 구내배선
- 신호·폐색장치
- 열차종별 순서와 배열

선로용량 부족 시 일어나는 문제

① 열차의 표정속도가 늦어짐
② 열차의 지연회복이 곤란하게 됨
③ 수송서비스의 저하
④ 열차운행의 자유도가 적음
⑤ 선로 보수작업의 곤란

2.4 선로용량 증가방법

1) 열차운행 개선방안

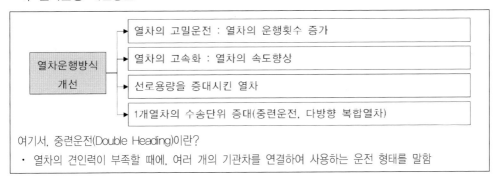

여기서, 중련운전(Double Heading)이란?
- 열차의 견인력이 부족할 때에, 여러 개의 기관차를 연결하여 사용하는 운전 형태를 말함

2) 신호개량 개선방안

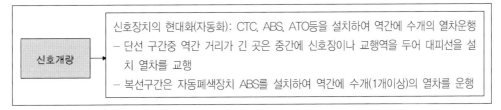

3) 열차개량 개선방안

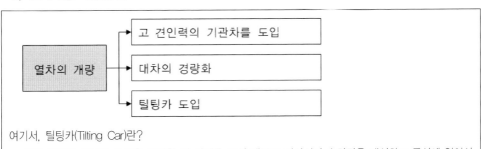

여기서, 틸팅카(Tilting Car)란?
- 틸팅 차량은 차량이 곡선을 주행할 때 차체를 곡선 내부로 경사시켜 승차감을 개선하고 곡선에 있어서 주행속도를 향상시키는 차량을 말함

4) 정거장 개선방안

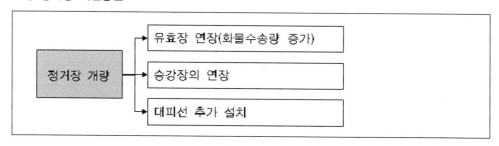

5) 선로 개량방안

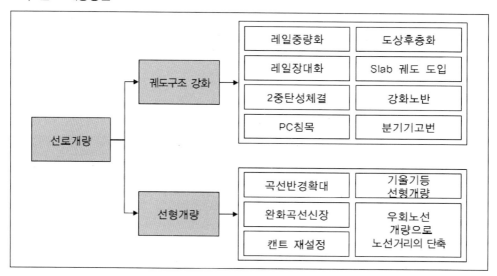

6) 선로구조 및 장치 개선방안

① 전철화로 견인력 향상: 전기기관차를 사용하여 견인력 향상
② 선로의 복선화 · 2복선화로 선로용량 증대
· 복선화 · 2복선화는 방향선별 운전이 가능하여 열차회수가 증가되고 선로용량이 증가하는 가장 효과적
  인 방법이나 투자비가 많이 소요

2.5 선로용량 산정공식

1) 일반적 용량개념

(1) 철도의 용량 및 배차시간을 고려한 산정식

$$C_v = \frac{3600}{h_m}$$

여기서, C_v : 이론적 용량 또는 최대용량

h_m : 최소배차간격(sec)

승객용량(Passenger Capacity)은 다음과 같음

$$C_p = n{\cdot}p{\cdot}C_v = \frac{3600{\cdot}n{\cdot}p}{h_m}$$

여기서, C_p : 승객용량

C_V : 이론적 용량 또는 최대용량

n : 열차당 편성 수(객차 수)

p : 객차당 최대 승객 수

h_m : 최소배차간격

(2) 실질용량(Practical Vehicular Capacity)

이론적인 선로용량에 현실적인 선의 활용특성, 선로활용계수를 적용함
이를 식으로 나타내면 다음과 같음

$$C_a = \frac{3600{\cdot}\alpha}{h_m}$$

여기서, C_a : 실질용량

h_m : 최소배차간격

α : 선로활용계수

2) Levinson의 용량

일반적인 용량은 다음과 같음

$$C_p = \frac{3600nSR}{(D+t_c)}$$

교차로를 통과하는 전차 경전철의 용량은 기존의 일반적인 용량 산정에서 신호주기를 포함시켜 용량을 산정하였음

$$C_p = \frac{(g/C)\cdot3600nSR}{(g/C)D+t_c}$$

여기서, C_p : 시간당 트랙당 승객 수

t_c : 뒤에 오는 열차와 본 열차 간의 최소시간간격

D : 주요정류장에서의 대기시간

n : 편성당 열차 수

R : 정류장 대기시간과 도착시간의 가변성

g : 신호의 녹색시간

C : 신호주기

S : 열차 당 최대승객수

이때, 시간당 승객용량은 시간당 승객용량으로 산정하였음

$$\frac{승객}{시간} = \frac{편성수}{시간} \times \frac{열차}{편성} \times \frac{좌석}{시간} \times \frac{승객수}{좌석}$$

$$\frac{승객}{시간} = \frac{편성수}{시간} \times \frac{열차}{편성} \times \frac{열차당면적}{승객당면적}$$

3) Vuchic의 용량

일반적인 선로용량은 다음과 같음

$$C_s = \frac{3600(n)(C_v)}{h_s}$$

여기서, C_s : 선로용량(이를 역(station)용량이라고 함)

$\quad n$: 편성당 열차 수

$\quad C_v$: 열차당 승객을 위한 공간면적

$\quad h_s$: 최소배차간격

도시철도	속도(km/h)	피크 시 1방향 승객 수
10차량 지하철	44.7	90,000
6차량 지하철	32.0	56,000
2차량 LRT	22.5	30,000

차량의 용량은 승객을 위한 면적으로 다음과 같이 산정함

$$C_v = m + \frac{\xi A_g - A_l - m p}{\sigma}$$

여기서, ξ : 열차의 면적손실계수

$\quad A_g$: 열차의 총 연면적

$\quad A_l$: 장비를 위해 할당된 열차 내 공간

$\quad m$: 좌석 수

$\quad p$: 좌석이 차지하는 면적

$\quad \sigma$: 서 있는 승객을 위한 면적

궤도용량(Way Capacity)은 다음과 같이 산정함

$$C_w = \frac{3600 \, n \, C_v}{(nl' + S_o)/ V + t_r = K_v / 2b}$$

여기서, S_o : 안전분리(safety separation)

$\quad t_r$: 반응시간

$\quad C_v$: 승객을 위한 면적

$\quad K_V$: 안전계수

$\quad V$: 열차속도

$\quad b$: 제동률

4) 일본의 용량산출법

(1) 단선구간의 용량산정방법

① 단선선로구간의 용량을 결정하는 요소는 다음과 같음
- 열차의 속도
- 역간거리 : 선로용량과는 반비례
- 구내배선과 신호폐색 방식 : 열차 취급시간을 절감하여 용량을 향상
- 선로이용률(f) : 유효시간대, 선로보수를 위한 열차 사이의 크기 등의 영향

② 단선구간의 용량산정을 위한 일본의 간이식은 다음과 같음

$$N = \frac{1440}{t+s} \cdot f$$

여기서, N : 선로용량
t : 역 간 평균운행시간(분)
s : 열차 취급시간(자동신호구간 1.5분, 비자동신호구간 2.5분)
f : 노선이용률(통상 0.55~0.70, 표준은 0.60)

(2) 복선구간의 용량산정방법

① 복선구간에는 단선구간과는 달리 고속과 저속차량의 운행비율 및 추월 대피를 위해 소요되는 시간 열차 간에 유지하여야 할 차두간격 등의 요인에 의해 용량이 결정됨

② 일본의 복선구간의 용량결정에는 다음 식을 활용할 수 있음

$$N = \frac{1440}{hv + (r+u+1) \cdot v'} \cdot f$$

여기서, h : 고속열차 상호 간의 시간간격
r : 추월대피 소요기간
u : 열차 1대의 역 간 선로 점유시간
v : 고속열차비, hv는 고속열차의 점유시간
v' : 저속열차비, $(r+u+1)v'$는 저속열차 점유시간

3. 속도 및 배차간격

3.1 배차간격

1) 배차간격이란?

- 열차의 주행안전과 고속, 고밀도운전을 위한 최소한의 열차간격으로 정의할 수 있음
- 열차와 열차의 간격, 즉 어느 지점을 열차가 통과한 후에 다음 열차가 통과하기까지 안전을 확보할 수 있는 최소시간을 말함
- 후속열차가 상시 브레이크를 필요로 하지 않고 신호현시에 의해 원활히 운전할 수 있는 시격이 되어야 함
- 자동폐색구간에 있어서는 전후 열차 간 2 이상의 폐색구간을 사이에 두도록 설정
- 최소운전시격은 "2~3폐색구간+열차길이"를 주행하는 시간으로 정의

2) 배차간격(최소운전시격) 산정식

$$H_W = 3.6 \times \frac{L_x + 열차길이}{V_n}$$

여기서, H_W: 최소운전시격(Sec)

L_x: 열차간격(공주거리+실제동거리+열차장)

V_n: 역 간 열차속도

3) 배차간격 단축방안

승차가 많은 역	최근 경향
① 플랫폼의 양 측선으로 교호 발착	① 승하차 도어의 증설
② 승하차 시 양면 플랫폼 사용	(예: 한쪽 4도어 → 5~6도어)
③ 긴 플랫폼에서 속행 2열차의 발착	② 도어 폭 확대(예: 1.3m → 1.6m)

4) Bergmann의 배차간격

Bergmann은 역에서 도착하는 열차 간의 최소시간을 토대로 배차간격을 설정

$$T = t_d + t_r + \frac{L_i}{V_m} + \frac{V_m}{2(D_e + D_o + A)}$$

여기서, T = 최소배차간격

t_d = 정류장 대기시간

t_r = 뒤에 오는 열차의 긴급제동 반응시간

L_i = 앞에 가는 열차의 길이

V_m = 역 접근 시의 일정한 속도(station approach)

D_e = 긴급감속률

D_o = 감속률

A = 가속률

5) Canadian Transit Handbook의 배차간격

$$h' = T + \frac{L}{V} + \frac{KV}{2d} + \frac{V}{2a} + t$$

여기서, h' = 최소배차간격(s) T = 정류장 대기시간

L = 열차길이(m) V = 운영속도(m/s)

d = 감속(m/s2) a = 가속(m/s2)

t = 반응시간(s) K = 안전계수

6) Gill과 Goodman의 배차간격

$$H = \frac{V}{2b} + \frac{l}{V}$$

여기서, H = 이론적 최소배차간격(역 간)

V = 속도

b = 감속

l = 열차의 길이

7) Lang과 Soberman의 배차간격

$$H = T + \frac{L}{V} + \frac{V}{2a} + \frac{5.05\,V}{2b}$$

여기서, H = 배차간격 L = 열차의 길이(ft) T = 정류장 대기시간(s)

V = 최대열차속도(ft/s) a = 가속률(ft/s2) b = 감속률(ft/s2)

열차길이(m/ft)	120/400	150/500	180/600
최소배차간격	75초	79초	83초
용량(a=3.0)	60,600	72,400	83,200
용량(a=2.0)	44,600	55,100	65,000

8) Weiss · Fialkoff · David의 배차간격

$$MH = \frac{V}{2B} + N + \frac{L}{V}$$

여기서, MH = 최소배차간격

　　　V = 일정한 차량속도

　　　B = 일정한 제동률

　　　N = 제동 전 승무원 반응시간

　　　L = 철도길이

위의 MH를 속도, V에 대하여 배분하면 배차간격을 최소화시키는 운행속도를 얻게 됨

$$V = \sqrt{2BL}$$

V값을 원래 식에 대입하여 최소배차간격을 구함. 이 배차간격은 속도와는 독립적임

$$MH = \sqrt{\frac{2L}{B} + N}$$

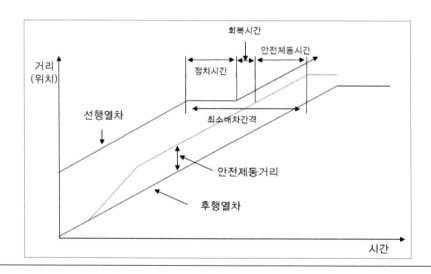

3.2 철도의 속도 · 거리 · 시간과 배차간격

1) 철도의 속도 · 거리 · 시간 관계

평균속도(u)	어떤 시간 안에 있어서 변위의 길이와 시간과의 비율

- 거리= 속도×시간→ S= V · t
- 시간= 거리/속도→ t= S/V

평균속도의 산출은 다음과 같음(m/sec 단위로 활용)

$$u = \frac{\text{총 운 행 거 리}}{\text{총 운 행 시 간}}$$

가속률과 감속률이 일정할 경우에 평균속도는 다음과 같이 정의될 수 있음

$$u = \frac{s}{T + \dfrac{s}{v} + \dfrac{v}{2a} + \dfrac{v}{2d}}$$

여기서, u : 평균속도

a, d : 감속률, 가속률(m/sec^2)

v : 운행속도(m/sec)

s : 정류장(역) 간 간격(m)

T : 정류장 정차시간(sec)

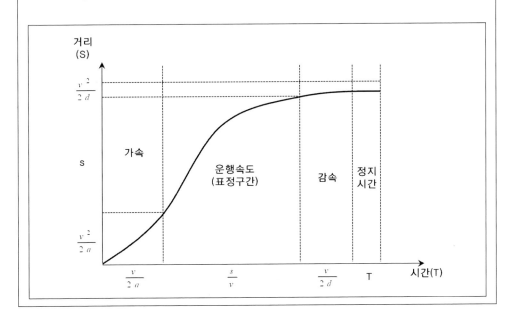

運行 特性을 고려한 거리와 시간과의 관계

거리= 속도×시간→S= V·t
시간= 거리/속도→= S/V

운행거리의 구성요소	거리	시간
가속구간	$\dfrac{v^2}{2a}$	$\dfrac{v}{2a}$
운행속도구간	$s-\dfrac{v^2}{2a}-\dfrac{v^2}{2d}$	$\dfrac{s}{v}-\dfrac{v}{2a}-\dfrac{v}{2d}$
감속구간	$\dfrac{v^2}{2d}$	$\dfrac{v}{2a}$
정차구간	−	T
합(Σ)	$\dfrac{v^2}{2a}+s+\dfrac{v^2}{2d}$	$T+\dfrac{s}{v}+\dfrac{v}{2a}+\dfrac{v}{2d}$

2) 속도와 배차간격의 관계

전동차 간의 최소허용 배차간격을 설정하기 위해서는 우선적으로 속도와의 함수관계를 고려하여야 함

$$h = f(v)$$

정지 시간 간격 구성	우선 정지시간간격(Stopping Time Interval)을 구하여야 하는데 정지시간 간격은 다음 식에 나타나는 바와 같은 요소들로 구성됨 $$t_s = t_C + t_P + t_R + t_D$$ 여기서, t_s: 정지시간 간격 　　　　t_C: 시스템에 감지된 위험신호가 신호장치에 전달되는 시간 　　　　t_P: 승무원이 위험을 인식하는 데 소요되는 시간 　　　　t_R: 승무원이 위험에 대응한 행동을 취하는 데 소요되는 시간 　　　　t_D: 브레이크를 걸어놓은 상태에서 감속하는 데 소요되는 시간

정지 시간 + 차량 길이	최소배차간격은 정지시간에다 차량길이만큼을 더한 값이 되므로, 이를 식으로 나타내면 다음과 같음

정지
시간
+
차량
길이

최소배차간격은 정지시간에다 차량길이만큼을 더한 값이 되므로, 이를 식으로 나타내면 다음과 같음

$$h = t_S + \frac{L}{V}$$

여기서 h = 최소배차간격

t_s = 정지시간각격

L = 차량길이

V = 운행속도

전동차 A가 전동차 B를 뒤에서 따라간다고 한다면 앞에 주행하는 전동차 B가 갑자기 정지하였을 때에 대비하여 최소배차간격을 설정할 필요가 있음

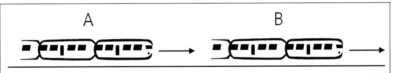

이때 최소배차간격은 정지시간에다 전동차 B의 길이만큼을 운행하는 데 소요되는 시간을 합하여 산출함

최소
배차
간격
+
가·감
속
시간

전동차의 속도 V로부터 전동차가 완전히 정지하기까지의 감속시간 t_D는 감속률을 이용하여 나음과 같이 구할 수 있음

$$t_D = \frac{V}{a_D}$$

t_D = 감속시간

a_D = 비상시 최대감속률

여기서 a_D는 비상시 최대감속률을 나타냄

완전히 정지되기까지의 시간 t_D까지 전동차가 d_D만큼 주행하게 된다면 이는 아래 식을 이용하여 구할 수 있음

$$d_D = \frac{1}{2} \times \frac{v^2}{a_D}$$

d_D = 완전정지시간 t_D까지 전동차 주행거리

a_D = 비상시 최대감속률

최소 배차 간격 + 가·감 속 시간	감속 전의 시간요소들을 합한 시간을 t_H라고 하면 이는 다음 식을 활용하여 구할 수 있음 $$t_H = t_C + t_P + t_R$$ t_H= 감속전 시간요소의 합 t_C= 위험신호가 신호장치에 전달되는 시간 t_P= 승무원의 위험인식시간 t_R= 승무원의 위험대응시간 이 시간(t_H)에 전동차는 $t_H \times V$ 만큼의 거리를 움직이게 됨. 따라서 최소배차간격 h는 다음과 같이 나타낼 수 있음 $$h = t_H + \frac{V}{a_D} + \frac{L}{V}$$

1. 철도의 속도에는 어떤 유형이 있는지 살펴보자.

2. 표정속도란 무엇인가?

3. 철도의 표정속도 향상방안과 향상에 따른 효과에 대해 논해 보자.

4. 견인력(Tractive Force)은 무엇이며 동력원에 대해 생각해 보자.

5. 가·감속과 등속주행과의 관계를 생각해 보자.

6. 설계속도는 등급에 따라 어떻게 나뉘는지 논해 보자.

7. 최고속도란 무엇이며 우리나라의 최고속도 규정은 어떻게 되는지 생각해 보자.

8. 속도 향상의 제약요인은 어떤 것이 있는지 논해 보자.

9. 균형속도 향상방안과 향상에 따른 효과를 그려서 설명해 보자.

10. 과주거리는 무엇이며 열차별 과주여유거리에 대해 논해 보자.

11. 제동거리는 무엇이며 공주거리와 실제동거리를 그려서 설명해 보자.

12. 공주거리는 무엇이며 공주시간의 주행시간 기준에 대해 논해 보자.

13. 선로용량 방법을 열거해 보자.

14. 선로이용률은 무엇이며 선로이용률의 영향인자는 무엇인지 논해 보자.

15. 선로용량 산정 시 고려사항은 무엇일까?

16. 선로용량 부족 시 일어나는 문제는 무엇인지 논해 보자.

17. 선로용량 조사방법의 종류에는 어떤 것이 있으며, 조사방법별 특징에 대해 논해 보자.

18. 선로용량 증가방법에는 어떤 것들이 있는지 생각해 보자.

19. 열차운행방식의 개선을 통해 선로용량을 증대시킬 수 있는 방법에 대해 열거해 보자.

20. 철도의 용량 및 배차시간을 고려한 선로용량 산정식은 어떻게 되는지 논해 보자.

21. 실질용량(Practical Vehicular Capacity)이란 무엇인가?

22. Levinson의 용량산정식이 다른 용량산정식과 무엇이 다른가?

23. Vuchic의 용량산정식의 특징을 고민해 보자.

24. 일본의 단선·복선 구간의 용량산정식을 생각해 보자.

25. 배차간격과 운행시격은 무엇이 다른가?

26. 배차간격의 의미를 그려서 생각해 보자.

27. 일반적으로 사용되는 배차간격의 산정식은 어떻게 되는지 논해 보자.

28. Bergman의 배차간격과 Canadian Transit Handbook의 배차간격은 서로 어떻게 다른지에 대해 생각해 보자.

29. Gill과 Goodman의 배차간격은 어떻게 되는지 논해 보자.

30. Lang과 Soberman의 배차간격은 Gill과 Goodman의 배차간격과 어떠한 차이가 있는지 논해 보자.

31. Weiss · Fialkoff · David의 배차간격은 어떻게 되는지 설명하고 시공도를 그려 생각해 보자.

32. 위의 모든 배차간격 산출식을 변수내용별로 비교 · 분석해보자(가급적 표로 정리해 보자).

33. 철도속도의 의미와 가 · 감속과 평균속도의 관계를 그림을 그려 분석해 보자.

34. 운행특성을 고려한 거리와 시간과의 관계는 어떻게 되는가?

35. 정지시간과 차량길이를 감안한 배차간격의 산출식을 생각해 보자.

36. 정지시간, 차량길이, 가 · 감속 시간을 고려한 배차간격은 어떻게 되는가?

37. 길이가 같은 두 열차의 시간 · 거리 관계를 시공도를 그려 이해해 보자.

3장 / 철도공급 및 성과

AGT(한국형 경전철)

1. 철도교통공급이란?

1.1 철도교통공급의 개념

1) 철도교통공급이란?

- 공급은 주어진 가격에 공급자가 시장에 제공하는 물건(재화와 용역)의 양을 의미함
- 철도교통의 공급은 이와 마찬가지로 철도승객 수요에 따라 운영의 효율성과 경제성을 위해 적절하게 철도를 제공하는 것을 뜻함

2) 철도교통공급의 특징

경제학적 공급	교통공급
▪ 시장가격은 소비자의 수요에 의해 영향을 미침	▪ 시장가격 이외의 요소(통행시간, 서비스수준) 등이 통행자의 수용에 영향을 미침
▪ 시장가격은 조절이 가능(대체재)	▪ 교통공급자가 혼자서 가격 이외의 요소(통행시간, 서비스수준)를 조절하지 못함
▪ 경제학에서는 이윤극대화를 추구	▪ 교통에서 "이윤극대화"(최대효율성) 목표 이외에 승객·Km의 극대화, 통행시간의 최소화 등의 다양한 목표가 설정
▪ 시장의 공급량은 시장의 수요에 의해 결정	▪ 교통공급량은 이용자에 의해 결정 즉, 해당시설을 이용하는 통행량으로 측정되고, 해당시설의 서비스 용량에 의해 제한

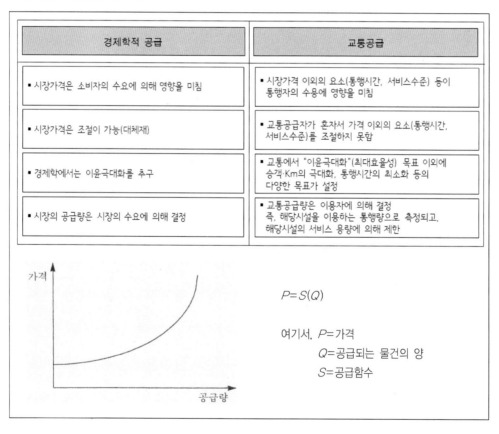

$$P = S(Q)$$

여기서, P = 가격
Q = 공급되는 물건의 양
S = 공급함수

3) 철도교통공급의 3가지 축

· 철도시스템의 계획과 운영에는 공급 측면의 고려가 필수적임
· Meyer(1980)에 의하면 철도공급은 특성(Performance), 영향(Impact), 비용(Cost)의 3가지 핵심적인 축으로 구분

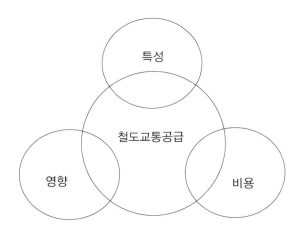

철도시스템의 특성, 영향, 비용을 분석함으로써 문제점을 전환할 수 있고, 정책대안을 설정하며, 대안을 평가할 수 있음

철도시스템의 특성에 따라 영향과 비용이 크게 달라질 수 있으며, 이를 그림으로 나타내면 다음과 같음

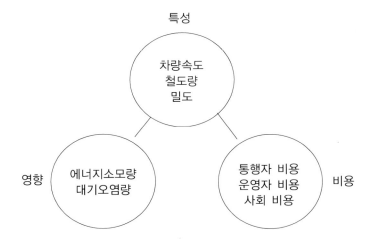

이와 같은 영향과 비용에 대한 특성의 관계를 함수로 나타내면 다음과 같음
에너지소비= f(속도, 철도량, 밀도)
운행비용(버스)= f(왕복운행시간, 버스대수, 운전자수)

1.2 철도교통공급의 요소

1) 철도시스템 요소

- 철로 : 철도 등과 같이 열차가 움직이는 시설
- 차량 : 철로에서 운행되는 차량
- 노선계획 : 철로에 대한 노선의 타당성 및 노선계획
- 운행계획 : 철로에서 운행되는 차량에 대한 운행계획
- 정부정책 : 철도시스템 운영에 대한 정부의 정책(면허, 요금, 운행서비스, 공급기준 등)

2) 철도교통공급의 정책유형

- 철도시스템 하부구조의 건설
- 철도시스템의 설계와 구축(차량, 신호체계 등)
- 철도서비스의 제공
- 철도 하부구조 및 차량의 유지관리 스케줄
- 철도서비스 및 시스템에 대한 규제 및 통제
- 철도규제의 집행
- 철도 하부구조 및 차량에 대한 재정정책
- 철도시스템 운영비용 및 이용자에 대한 보조금 정책
- 철도서비스에 대한 조세정책
- 철도서비스에 대한 가격정책

3) 철도공급정책에 따른 비용발생

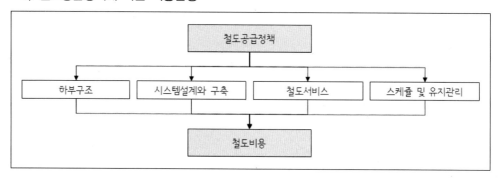

1.3 철도계획과정과 공급분석

1) 철도계획과정에서 철도공급분석의 위상

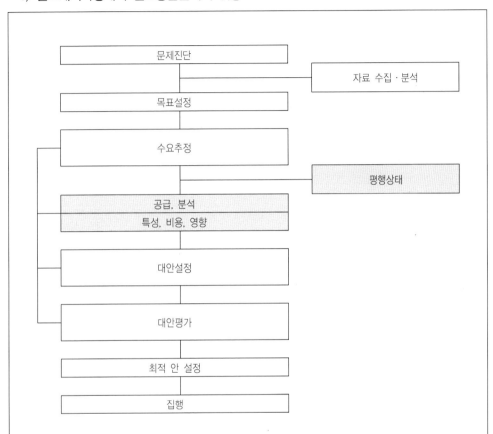

- 철도수요와 철도공급은 상호 밀접한 환류과정임
- 철도 수요공급 분석은 철도수요와 공급이 일치되는 평행상태를 기준으로 평가
- 철도서비스의 특성(performance)과 비용은 수요에 영향을 미침
- 철도수요의 수준에 따라 철도공급의 중요요소인 철도서비스 특성이 결정됨
- 철도수요인 노선배정(Assignment) 철도량은 철도공급요소인 철도시간과 같은 철도특성 변수와 계속적으로 상호 조정하는 메커니즘을 가짐
- 영향과 비용을 예측하려면 시스템 특성을 분석하여야 하고 특성분석결과는 수요에 직간접적으로 파급됨

1.4 중 · 장기 철도교통공급계획

1) 철도교통공급계획이란?

- 중 · 장기적인 철도망 확충계획은 철도공급정책의 중요한 목을 차지하고 있음
- 철도망 확충 자체가 공급 지향적 정책이므로 철도수요에 부합하는 적정수준의 철도망 공급수준을 설정하고 평행상태를 설정하여야 함

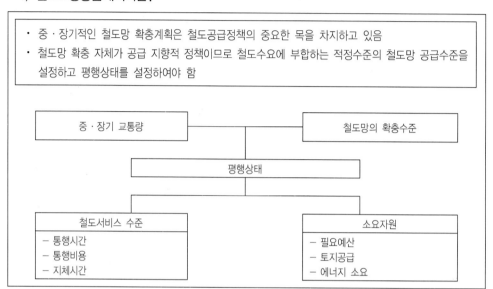

2) 철도계획의 필요성은 무엇일까?

- 철도공급계획은 철도계획의 핵심인 계획으로서 모든 철도계획, 운영에 있어서 근본을 제공
- 철도공급 간에 이루어지는 중장기적 평행상태에 의해 철도서비스 수준을 예측할 수 있고, 필요한 자원(resource)의 규모도 측정
- 장기적인 철도노선계획은 철도공급계획으로서 철도망 공급계획의 적정수준을 설정하는 작업이 중요함
- 철도망 공급계획은 측정된 철도수요(철도승객)와 비교하여 적정한 평행상태에서 설정되어야 하며, 철도의 용량, 배차간격, 운행주기 등의 공급변수에 의해 결정됨
- 철도공급계획은 철도노선 건설 전 뿐만 아니라 철도노선 건설 후에도 철도운영의 기본적인 지침, 나침 반적인 역할을 함
- 비용 측면에서 건설 전에는 건설비, 전동차 구입비, 인건비 등을 산출하는 근거가 되며, 건설 후에는 노선을 운영 관리하는 비용과 인건비 및 추가적인 철도노선의 보수비용 등과 같은 비용을 산정하는 지표로 활용될 수 있음

2. 철도운영의 효율성

2.1 철도 수요 · 용량 분석과정

1) 철도 수요 · 공급 분석

철도 수요·용량 분석	· 공급된 철도가 수요와 공급의 균형을 이루기 위해서는 추정된 수요를 충족시킬 수 있는 용량이 공급되어야 함 · 이는 운영계획과 관련한 대안분석을 통해서 이루어짐 · 수요를 충족시키기 위해서 "열차용량을 증가할 것인가, 아니면 주기를 높일 것인가"와 같은 운영대안이 이에 해당함
	이러한 운영대안은 여러 가지 변수들의 조합으로 가능해지는데, 이러한 변수들을 운영변수라 하고, 이에 따라서 도출되는 여러 가지 성과지표(열차－시간, 차량－시간, 열차－km 등)를 공급변수라 정의함

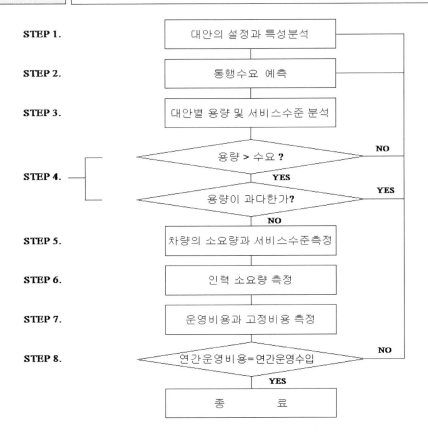

STEP 1. 대안의 설정과 특성분석

STEP 2. 통행수요 예측

STEP 3. 대안별 용량 및 서비스수준 분석

STEP 4. 용량 > 수요? — NO
        용량이 과다한가? — YES

STEP 5. 차량의 소요량과 서비스수준측정

STEP 6. 인력 소요량 측정

STEP 7. 운영비용과 고정비용 측정

STEP 8. 연간운영비용=연간운영수입 — NO
        YES
        종 료

2) 수요와 용량을 고려한 도시철도 수송계획 수립과정

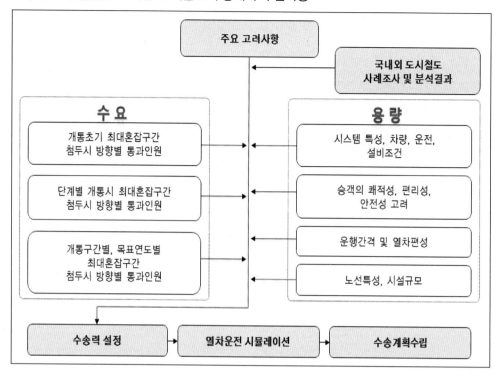

2.2 열차운행계획

1) 운행계획 수립과정

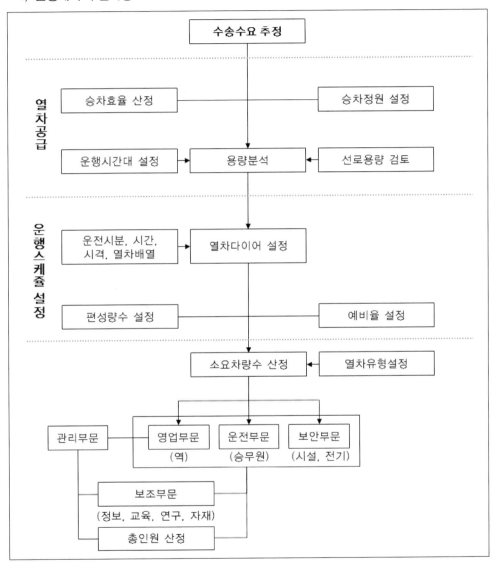

2) 운행계획의 범위 및 주요 검토사항

① 운행계획의 범위
- 열차계획, 요원계획, 차량계획, 설비계획

② 주요 검토사항
- 열차속도의 향상과 고밀도 운행
- 승차감 제고와 편의시설 향상
- 발전된 신설비화로 운전보안도 확대
- 운행 및 유지관리의 효율화로 열차운행관리 기술 향상

3) 운행시간계획

① 운행계획
- 평일을 기준으로 시간대별 수요 분석을 하며, 첨두시, 준첨두시, 비첨두시로 구분
- 기존 도시철도와 동일한 05:00~24:00 총 19시간 계획

② 운행시간대
- 첨두시: 최대혼잡구간 수요기준, 혼잡시 차량수송인원 적용
- 준첨두시, 비첨두시: 최대혼잡구간 수요기준, 정원 시 차량수송인원 적용

구 분		영업시간		
첨두시	오전	07:00~09:00	2시간	4시간
	오후	18:00~20:00	2시간	
준첨두시		09:00~11:00, 16:00~18:00	4시간	4시간
비첨두시	오전	11:00~16:00	2시간	11시간
	야간	21:00~24:00, 05:00~07:00	5시간	

2.3 철도운영에 따른 민감도 분석

1) 기본전제조건

노선대안	· 노선길이(L) : 30km · 정류장 수 : 16개(기종점 포함) · 평균정류장 간격(D) : 2km

차량특성	· 차량당 면적 : 50㎡
	· 열차당 차량의 최대편성 수 : 10량(운행 계획상에는 8량)
	· 승객 1인당 점유면적 : 0.3㎡
	· 열차의 주행속도(C) : 60km/h
	· 정류장 정차시간(T) : 40초
	· 연간화 계수 : 320(일일지표를 연간지표로 산정하기 위한 계수로서 휴일, 공휴일을 고려하기 위함)
	· 열차의 가속도(a) : 4km/h/초
	· 열차의 감속도(d) : 4km/h/초
	
	· 평균통행속도 산정식 : $$S=\frac{D}{T+\dfrac{D}{C}+C\times\left(\dfrac{1}{2a}+\dfrac{1}{2d}\right)}$$
	
	· 최소 및 최대 배차기준
	  - 첨두시 : 최소 2분, 최대 5분
	  - 비첨두시 : 최소 5분, 최대 10분

수요특성	· 최대 재차지점에서의 통행량(노선의 특정지점에서의 교통량(인)) : 200,000인/일방향/일 · 첨두시 첨두방향 최대 시간교통량 : 26,000인/일방향/시간(첨두시간 : 4시간) · 비첨두시 첨두방향 최대 시간통행량 : 9,000인/일방향/시간(비첨두시간 : 4시간)
제약조건	· 열차-시간의 최소화(배차시간의 최대화)는 배차기준에 의해서 결정됨 · 비첨두 시 첨두방향 최대 시간통행량을 충족하기 위한 용량의 비첨두 12시간 동안 지속적으로 공급되어야 함 · 첨두 시 첨두방향 최대 시간통행량을 충족하기 위한 용량이 첨두 4시간 동안 지속적으로 제공되어야 함

2) 기본조건에 따른 철도운영 효율성 검토

배차간격 산정	$$H(s) = 4 + \frac{L}{v} + 1.3(\frac{V}{d_s})$$ 여기서, $H(S)$ = 배차간격(초) 　　　　L = 최대 열차길이(m) 　　　　V = 평균운행속도(m/s) 　　　　d_s = 감속도(m/s^2) $$H(s) = 4 + \frac{165m}{16.7m} + 1.3(\frac{16.7m/s}{d1.11m/s^2}) \quad = 33.4초$$ 여기서, 노선운행속도(V) = 60km/h 　　　　최대열차길이(L) = 8량(1량당 20m)+여유폭 5m = 165m 　　　　감속도(d_s) = 4km/h/s(= $1.11m/s^2$)
선로설계 용량산정	선로설계용량 = 노선용량×열차용량 ・ <u>열차용량</u> = {차량당 면적(㎡)×차량 수}/1인당 점유면적(㎡) = (50㎡×8량)/0.3 = 1,333인 ・ <u>노선용량</u> = $\dfrac{3600}{최소운행시격(초) + 정차시간(초)}$ = $\dfrac{3600(초)}{33.4(초) + 20(초)}$ = 67.4(초) ・ <u>선로설계용량</u> = 노선용량(67.4)×열차용량(1,333) = 89,887명
운행시격 (분) 산정	・ <u>운행시격(분)</u> = $\dfrac{60(분)}{1시간당 필요운행 열차수}$ ・ <u>1시간당 필요운행 열차 수</u> = 최대혼잡구간수요/열차정원 　(여기서, 열차정원은 선로설계용량 산정 시 산정된 열차용량을 사용) = 6,500(인/시)/1,333 　인 = 3.3편성 ・ <u>운행시격(분)</u> = $\dfrac{60(분)}{3.3}$ = 18.5분

소요 차량 수 산정	• 왕복운전시분 = $\dfrac{노선연장 \times 2 \times 60}{표정속도}$ + 회차여유시간(3.0분) = $\dfrac{30km \times 2 \times 60}{60km/h}$ + 3분 = 63분

• 왕복운전시분 = $\dfrac{노선연장 \times 2 \times 60}{표정속도}$ + 회차여유시간(3.0분) = $\dfrac{30km \times 2 \times 60}{60km/h}$ + 3분 = 63분

• 운행열차소요량(편성 수) = $\dfrac{왕복운전시분}{첨두시 운행시격}$ = $\dfrac{63분}{2분(5분)}$ = 32대(13대)

여기서, 노선길이: 30km

표정속도: 60km/h

회차 여유시간: 3분

• 예비운행열차소요량(편성 수) = 운행열차소요량 × 예비율 = 32대(13대) × 12% = 4대(2대)
(예비율은 "예비타당성 조사 표준지침"에서 제시하고 있음)

• 소요차량 수(량) = (운행열차소요량 + 예비운행열차소요량) × 편성당량 수 = {32대(13대) + 4대(2대)} × 8 = 288량(120량)

**1시간당
필요운행
열차 수
산정**

구 분	차량편성 (량/편성)	노선연장 (km/편도)	왕복 운전시분 (분)	첨두시 운행시격 (분)	소요편성 수			소요 차량 수 (량)
					운행	예비	계	
기본조건	8	30	63	2	32	4	36	288
				5	13	2	15	120

<u>기본조건의 소요차량 수 산정</u>

• 왕복운전시분(분) = 63분
• 운행열차소요량(편성 수) = 32(13)편성
• 예비운행열차소요량(편성 수) = 4(2)편성
• 소요편성 수(량) = 36(15)량
• 소요차량 수(량) = 288(120)량

              ( ) 내는 첨두시 운행시격에 따른 변화를 표시함

3) 변화조건을 고려한 철도운영 효율성 검토

CASE 1 승객 1인당 점유면적 15% 감소(0.3㎡ → 0.225㎡)

열차 용량	• 기본조건 열차용량=(차량당 면적(㎡)×차량 수)÷1인당 점유면적(㎡)=(50(㎡)×8)÷0.3 =1,333인 • 변화조건 열차용량=(50(㎡)×8)÷0.225=1,778인

선로 설계 용량	• 기본조건 설계용량=노선용량×열차용량=67.4×1,333=89,887명 • 변화조건 설계용량=67.4×1,778=119,850명

1시간당 필요 운행 열차 수	• 기본조건 필요열차 수 = $\dfrac{\text{최대혼잡구간수요}}{\text{열차정원}} = \dfrac{6,500(\text{인/시})}{1,333(\text{인})} = 3.3$편성 • 변화조건 필요열차 수 = $\dfrac{6,500(\text{인/시})}{1,778(\text{인})} = 2.4$편성

운행 시격 (분)	• 기본조건 운행시격 = $\dfrac{60(\text{분})}{\text{시간당필요운행열차수}} = \dfrac{60\text{분}}{3.3} = 18.5$분 • 변화조건 운행시격 = $\dfrac{60\text{분}}{2.4} = 24.6$분

CASE 2 열차 주행속도 15% 증대(60km/h → 69km/h)

배차 간격	• 기본조건 배차간격 = $H(s) = 4 + \dfrac{L}{v} + 1.3(\dfrac{V}{d_s}) = H(s) = 4 + \dfrac{165m}{16.7m/s} + 1.3(\dfrac{16.7m/s}{1.11m/s^2})$ =33.4초 • 변화조건 열차용량 = $H(s) = 4 + \dfrac{165m}{19.2m/s} + 1.3(\dfrac{19.2m/s}{1.11m/s^2}) = 35.0$초

노선 용량	• 기본조건 노선용량 $= \dfrac{3600}{\text{최소운행시격(초)} + \text{정차시간(초)}} = \dfrac{3600}{33.4 + 20} = 67.4$초 • 변화조건 노선용량 $= \dfrac{3600}{35 + 20} = 65.4$초

선로 설계 용량	• 기본조건 설계용량 $=$ 노선용량 $\times$ 열차용량 $= 67.4 \times 1,333 = 89,887$명 • 변화조건 설계용량 $= 65.4 \times 1,778 = 87,219$명

CASE 3 열차 차량편성 12.5% 증대(기존 8량 → 9량)

열차 용량	• 기본조건 열차용량 $=$ (차량당 면적(m^2) $\times$ 차량 수) $\div$ 1인당 점유면적(m^2) $=$ ($50(\text{m}^2) \times 8) \div 0.3$ $= 1,333$인 • 변화조건 열차용량 $=$ ($50(\text{m}^2) \times 9) \div 0.3 = 1,500$인

선로 설계 용량	• 기본조건 설계용량 $=$ 노선용량 $\times$ 열차용량 $= 67.4 \times 1,333 = 89,887$명 • 변화조건 설계용량 $= 67.4 \times 1,500 = 101,123$명

1시간당 필요 운행 열차 수	• 기본조건 필요열차 수 $= \dfrac{\text{최대혼잡구간수요}}{\text{열차정원}} = \dfrac{6,500(\text{인/시})}{1,333(\text{인})} = 3.3$편성 • 변화조건 필요열차 수 $= \dfrac{6,500(\text{인/시})}{1,500(\text{인})} = 2.9$편성

운행 시격 (분)	• 기본조건 운행시격 $= \dfrac{60(\text{분})}{\text{시간당 필요운행열차수}} = \dfrac{60\text{분}}{3.3} = 18.5$분 • 변화조건 운행시격 $= \dfrac{60\text{분}}{2.9} = 20.8$분

CASE 4 열차 정차시간 20% 감소(20초 → 16초)	
노선 용량	• 기본조건 노선용량 $= \dfrac{3600}{\text{최소운행시격(초)} + \text{정차시간(초)}} = \dfrac{3600}{33.4 + 20} = 67.4$초 • 변화조건 노선용량 $= \dfrac{3600}{33.4 + 16} = 72.9$초

선로 설계 용량	• 기본조건 설계용량 = 노선용량×열차용량 = 67.4×1,333 = 89,887명 • 변화조건 설계용량 = 72.9×1,333 = 54,527명

2.4 열차다이아(Diagram for Train Scheduling)

1) 열차다이아란?

> 역과 연간거리를 종축, 시각을 횡축, 열차이동을 사선으로 표시하여 열차가 시간적으로 이동한 궤적을 그래프로 표시한 도표임

① 가로에 시간, 세로에 거리를 표시하는 거리·시간 곡선을 도시한 것
② 각 열차 상호 간의 관계를 표시하여 운전계획 및 열차통제(Train control)에 편리
③ 운전계통, 열차종별, 운전구간, 정차역, 열차배열 등에 의해 결정
④ 실제 열차 궤적은 곡선(일정한 속도로 주행하지 않기 때문)이나 열차선을 보기 쉽게 직선으로 표시
⑤ 열차운전계획 및 열차통제(Train control) 시 사용
⑥ 열차운행시간 제작수단
⑦ 재해, 열차지연 등에 있어서 전후의 열차관계나 대향열차의 상태를 인식할수 있는 수단

2) 일반적인 열차다이아

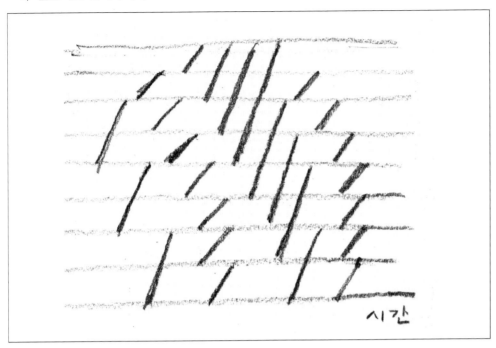

3) 직행과 완행을 혼합한 열차다이아

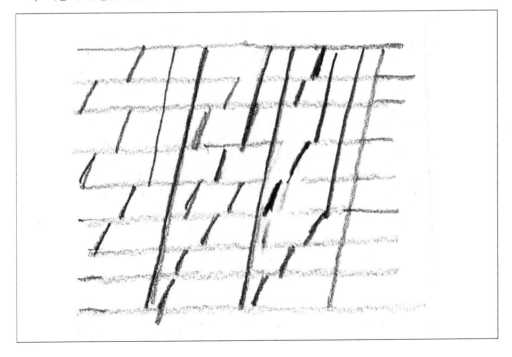

4) 열차운행도표(열차다이아) 산출과정

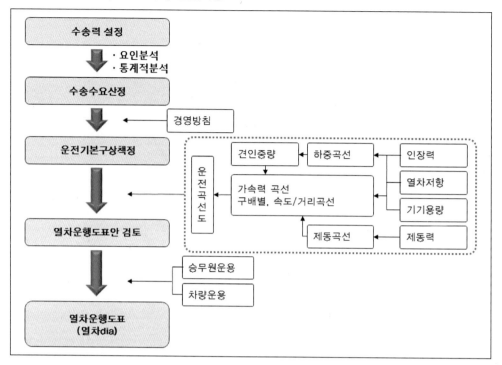

5) 열차다이아의 특징

① 각 열차 상호 간의 관계를 표현해 주고 있어서, 열차운전계획을 수립할 수 있음
② 열차종별, 운전구간, 정차역을 한꺼번에 살펴볼 수 있음
③ 열차다이아에서 열차회수, 배차간격, 정류장 정차시간, 정류장 간 소요시간 및 주행속도 등을 파악할
  수 있음
④ 열차다이아로 선로용량이 적정한지의 여부를 판단할 수 있음
⑤ 선로용량은 수송력증강의 필요성을 판단해주는 지표가 됨

6) 열차다이아의 종류

시간눈금에 따른 분류	호칭에 따른 분류
① 1시간 눈금다이아: 장기열차계획, 시각개정의 구상, 승무원 운용에 사용 ② 10분 눈금다이아: 1시간 눈금다이아와 사용용도 유사 ③ 2분 눈금다이아: 열차운영계획의 기본이 되는 다이아 ④ 1분 눈금다이아: 수도권 전철구간 사용	① 네트워크 다이아 ② 평행 다이아 ③ 규격 다이아

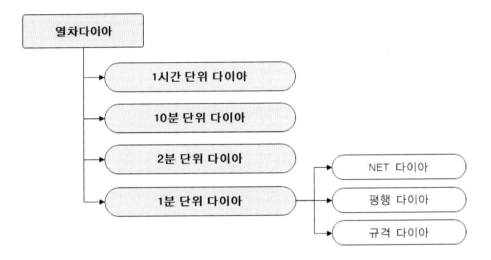

7) 열차다이아 기재사항

① 열차선과 열차번호
② 하행열차에 대한 표준 상기울기와 표준 하기울기(%)
③ 정거장 간의 종류, 이름 및 거리와 기점부터의 거리(영업km)
④ 폐색방식의 종류와 선수(단선, 복선)

8) 작성 시 고려사항

① 열차 상호 간에 지장이 없고 선로용량 범위 이내일 것
② 수송수요에 적합할 것
③ 열차의 작은 지연에는 탄력성이 있을 것
④ 기타 제반조건에 적합할 것

1. 철도교통공급이란 무엇인지 논해 보자.

2. 철도교통공급의 특징은 경제학적 공급과 어떠한 차이가 있을까?

3. 철도교통공급의 3가지 축은 어떤지 설명하고 3가지 축의 요소를 설명하여 보자.

4. 철도교통공급의 요소를 논해 보자.

5. 철도교통공급의 정책유형에는 어떤 것이 있는지 논해 보자.

6. 용량이 철도교통공급과는 어떤 관계가 있는지 생각해 보자.

7. 철도계획과정에서 공급이 갖는 의미는 어떤지 생각해 보자.

8. 중·장기 철도계획이란 무엇이며 왜 필요한지에 대해 설명해 보자.

9. 철도운영의 효율성을 평가할 수 있는 수요예측과 용량분석과정을 그려서 설명해 보자.

10. 수요와 용량을 고려한 도시철도 수송계획 수립과정은 어떻게 되는지 흐름도를 그려 보자.

11. 열차운행계획은 어떻게 계획되는지 그려서 살펴보자.

12. 운행계획 시 주요검토사항은 어떤 것이 있는지 논해 보자.

13. 열차주행속도의 증가는 어떠한 효율성을 가져오는지 생각해 보자.

14. 승객 1인당 점유면적이 감소하게 되면 열차의 용량은 어떻게 되는지 논해 보자.

15. 차량의 편성이 증가하면 1시간당 필요운행 열차 수와 배차간격은 어떻게 변할까?

16. 열차의 정차시간이 감소하게 되면 선로의 설계용량에 영향을 미치는지 생각해 보자.

17. 열차다이아란 무엇일까?

18. 열차다이아 산출과정을 그려서 설명해 보자.

19. 열차다이아의 특징과 종류에 대해 생각해 보자.

20. 열차다이아 작성 시 기재사항과 고려사항은 어떤 것이 있는지 논해 보자.

무인자동열차(인천공항)

1. 열차운영 계획과정

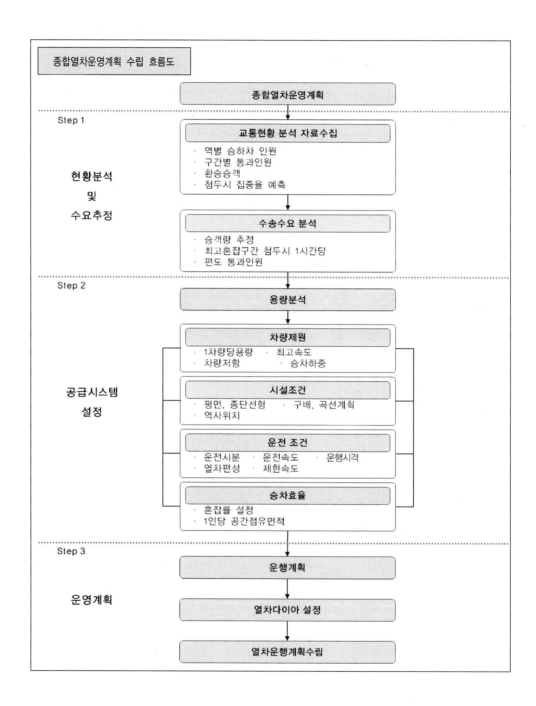

종합열차운영계획 수립 흐름도

종합열차운영계획

Step 1

현황분석
및
수요추정

교통현황 분석 자료수집
· 역별 승하차 인원
· 구간별 통과인원
· 환승승객
· 첨두시 집중율 예측

수송수요 분석
· 승객량 추정
· 최고혼잡구간 첨두시 1시간당
· 편도 통과인원

Step 2

공급시스템
설정

용량분석

차량제원
· 1차량당용량   · 최고속도
· 차량저항   · 승차하중

시설조건
· 평면, 종단선형   · 구배, 곡선계획
· 역사위치

운전 조건
· 운전시분   · 운전속도   · 운행시격
· 열차편성   · 제한속도

승차효율
· 혼잡률 설정
· 1인당 공간점유면적

Step 3

운영계획

운행계획

열차다이아 설정

열차운행계획수립

1.1 철도 수송수요 예측

1) 수송수요 예측방법

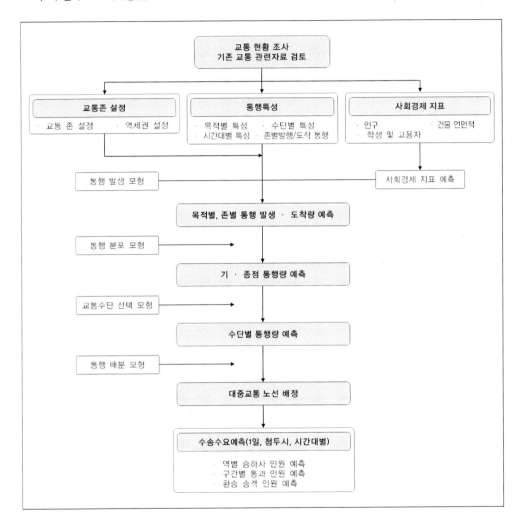

2) 서울도시철도공사 수송수요 예측 사례

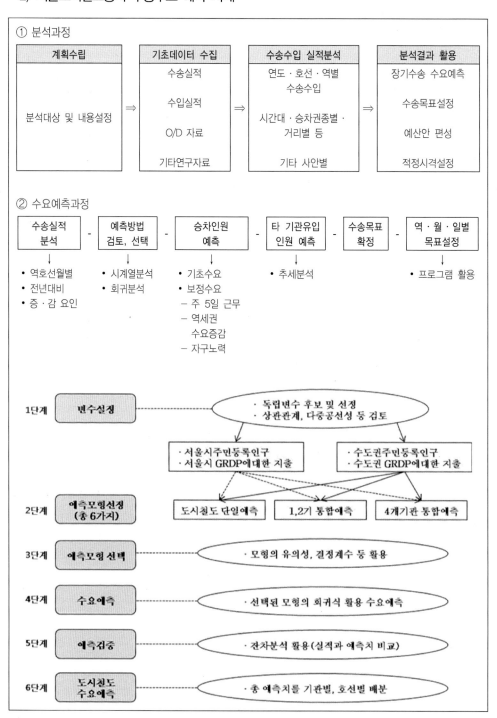

① 분석과정

계획수립	기초데이터 수집	수송수입 실적분석	분석결과 활용
분석대상 및 내용설정	수송실적 수입실적 O/D 자료 기타연구자료	연도·호선·역별 수송수입 시간대·승차권종별· 거리별 등 기타 사안별	장기수송 수요예측 수송목표설정 예산안 편성 적정시격설정

② 수요예측과정

수송실적 분석 - 예측방법 검토, 선택 - 승차인원 예측 - 타 기관유입 인원 예측 - 수송목표 확정 - 역·월·일별 목표설정

- 역호선월별
- 전년대비
- 증·감 요인

- 시계열분석
- 회귀분석

- 기초수요
- 보정수요
  - 주 5일 근무
  - 역세권 수요증감
  - 자구노력

- 추세분석

- 프로그램 활용

1단계 **변수설정** ···· · 독립변수 후보 및 선정 · 상관관계, 다중공선성 등 검토

· 서울시주민등록인구
· 서울시 GRDP에 대한 지출

· 수도권주민등록인구
· 수도권 GRDP에 대한 지출

2단계 **예측모형설정 (총 6가지)** 도시철도 단일예측 1,2기 통합예측 4개기관 통합예측

3단계 **예측모형 선택** ···· · 모형의 유의성, 결정계수 등 활용

4단계 **수요예측** ···· · 선택된 모형의 회귀식 활용 수요예측

5단계 **예측검증** ···· · 잔차분석 활용(실적과 예측치 비교)

6단계 **도시철도 수요예측** ···· · 총 예측치를 기관별, 호선별 배분

1.2 공급시스템 설정

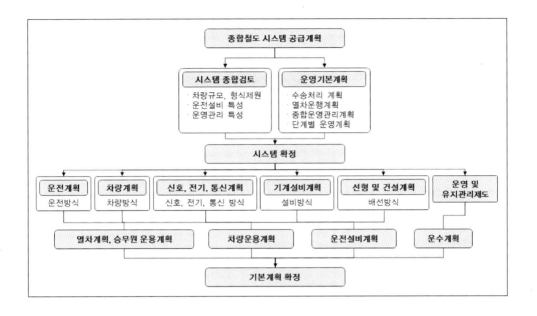

1.3 열차다이아 작성

열차다이아 작성 흐름도(서울도시철도사례)

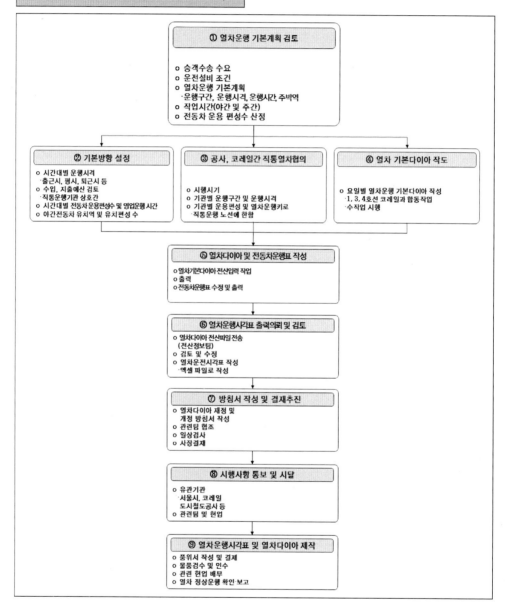

① 열차운행 기본계획 검토
- o 승객수송 수요
- o 운전설비 조건
- o 열차운행 기본계획
  - ·운행구간, 운행시격, 운행시간, 주박역
- o 작업시간(야간 및 주간)
- o 전동차 운용 편성수 산정

② 기본방향 설정
- o 시간대별 운행시격
  - ·출근시, 평시, 퇴근시 등
- o 수입, 지출예산 검토
  - ·직통운행기관 상호간
- o 시간대별 전동차운용편성수 및 영업운행시간
- o 야간전동차 유치역 및 유치편성 수

③ 공사, 코레일간 직통열차협의
- o 시행시기
- o 기관별 운행구간 및 운행시격
- o 기관별 운용편성 및 열차운행키로
  - ·직통운행 노선에 한함

④ 열차 기본다이아 작도
- o 요일별 열차운행 기본다이아 작성
  - ·1, 3, 4호선 코레일과 합동작업
  - ·수작업 시행

⑤ 열차다이아 및 전동차운행표 작성
- o 열차기본다이아전산입력 작업
- o 출력
- o 전동차운행표 수정 및 출력

⑥ 열차운행시각표 출력의뢰 및 검토
- o 열차다이아 전산파일전송
  - (전산정보팀)
- o 검토 및 수정
- o 열차운전시각표 작성
  - ·엑셀 파일로 작성

⑦ 방침서 작성 및 결재추진
- o 열차다이아 재정 및
  - 개정 방침서 작성
- o 관련팀 협조
- o 일상검사
- o 사장결재

⑧ 시행사항 통보 및 시달
- o 유관기관
  - ·서울시, 코레일
  - 도시철도공사 등
- o 관련팀 및 현업

⑨ 열차운행시각표 및 열차다이아 제작
- o 품의서 작성 및 결제
- o 물품검수 및 인수
- o 관련 현업 배부
- o 열차 정상운행 확인·보고

2. 열차 수송력 증강방안

2.1 열차의 수송능력 개선

1) 열차의 수송능력

> 철도의 수송능력은 일반적으로 1일 최대 설정 가능한 열차회수를 나타내는 선로용량(Track Capacity)으로 표시됨

① 파동 피크 시 1시간 또는 1일당 수송인 수, 톤 수를 산정하여 '평균승차효율'로 차량정원(고속 70%, 통근열차 150%) 산정
② 적재 톤 수로부터 수송차량 수를 산정
③ 열차편성과 열차 수를 산정
④ 용량 산정 시 고려사항
 · 열차의 속도(운전시분), 운전시간, 여유시분, 속도 차, 유효시간대
 · 신호현시 및 폐색방식
 · 열차종별 순서 및 배열
 · 역간거리 및 구내배선
 · 선로시설 및 보수시간

⑤ 용량변화요인
 · 열차설정을 크게 변경시켰을 경우
 · 열차속도를 크게 변경시켰을 경우
 · 폐색방식이 변경되었을 경우
 · ABS 및 CTC 구간 폐색신호기 거리가 변경되었을 경우
 · 선로조건이 근본적으로 변경되었을 경우

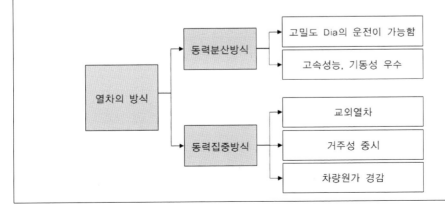

2) 수송력 검토

① 승차효율 및 1㎢당 입석 승객 수 검토

· 입석승객의 밀도(인/m²)$= \dfrac{(정원 \times r) - 좌석인원}{좌석인원 소요 바닥면적을 제외한 면적}$

여기서, r = 승차효율

구분 승차효율	1㎡당 입석인원	입석인원 1인당 면적 (1㎡/명)	승차인원 (M차 기준)
100%	3명	0.35m²/명	160명
150%	5명	0.20m²/명	240명
200%	7명	0.14m²/명	320명
240%	9명	0.12m²/명	384명
250%	10명	0.11m²/명	400명

② 혼잡률 검토

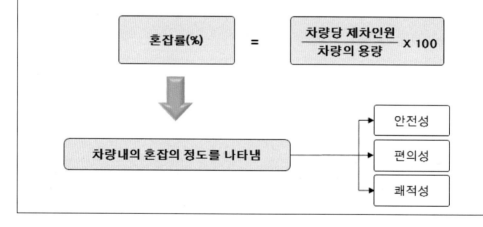

3) 열차단위와 횟수의 결정

· 열차단위와 횟수는 많은 것이 바람직하지만, 열차횟수의 증가는 승무원의 증원을 초래하고 열차단위를 증가시킴
  타 교통수단과의 경쟁도 감안하여 적당한 수준의 설정이 필요함

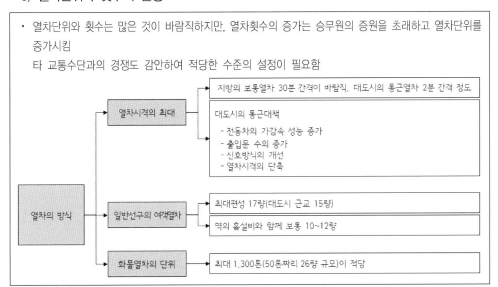

4) 열차종별의 산정과 속도 산정

① 열차종별의 산정
· 정기, 계절, 임시열차
· 여객(특급, 급행, 보통, 특수, 회송), 화물(급행, 컨테이너, 전용, 일반)

② 열차속도의 산정
· 차량성능, 선로규격, 전차선 설비, 보안설비 등을 감안
· 경쟁 교통수단의 속도 등을 분석하여 종합적으로 산정 필요
· 열차Dia 구성 고려(도착시간 열차빈도, 직통열차, 접속시분)

2.2 열차의 운행에 따른 개선

1) 완행열차와 급행열차

완행열차란 무엇일까?	빠르지 않은 속도로 운행하면서 역마다 모두 정차하는 열차
급행열차란 무엇일까?	보통열차보다 속도가 빠르고 정차하는 역이 적으며, 운임도 높게 책정되는 열차를 가리키며, 열차의 용도에 따라 여객열차와 화물열차, 소화물열차 등으로 나뉨

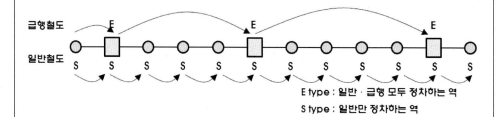

E type : 일반 · 급행 모두 정차하는 역
S type : 일반만 정차하는 역

① 일반적으로 지하에 노선을 계획하여 건설하므로 투자비가 많이 소요됨
② 지형적인 여건상 지장물 과다 등으로 대피선 설치를 위한 공간 확보가 쉽지 않음
③ 완행열차와 급행열차를 혼용 운행하고자 할 경우에는 그 선구의 정확한 수송수요를 예측해야함
④ 가능한 역의 대피선 설치역 분석, 전동차 운행시격 등을 면밀히 검토하여야 함
⑤ 재무적·경제적 타당성을 분석한 후 추진해야 할 것임

2) 완 · 급행열차 혼용 시 고려사항

(1) 선로 시설물

① 선형
· 선형은 원칙적으로 최고속도에 의하여 지배되고 설계함
· 캔트 및 완화곡선은 최고속도에 의하여 지배되고 설정함

② 궤도구조
· 완급혼용에 적용할 수 있는 재료성질 구비
· 궤도열화에 따른 보강대책
· 각종 선로 시설상의 안전율 검토

③ 정거장 형태
- 대피선 또는 교행선의 확충
- 완급 여객시설의 분리
- 연계정거장으로서 환승시설 및 타 교통수단과의 연계환승시스템 구축
- 차량기지의 운용규제

④ 차량
- 완급차량의 특성개발 운용
- 완급차량의 구조적 대책
- 완급차량의 편성방법

⑤ 신호보안
- 폐색구간, 폐색장치의 재설정
- 신호보안 체계의 현대화 추진

(2) 보수체계 확립

① 완벽한 열차다이아 편성 숙지, 순회 시 점검 철저
② 차량 혼용에 적합한 선로 보수시설 제공
③ 궤도열화 주기의 분석과 궤도강성의 확보
④ 무관리시스템(Maintenance Free System)의 궁극적 도입

(3) 여객교통량에 대한 대응

① 노선에 대한 수송수요 예측 및 분석(노선 및 정거장 역세권 등) 기존수요 및 향후 수송수요, 수송처리
 계획, 열차운영계획 등 검토
② 완급열차운행에 따른 유발교통량, 전환교통량 조사 및 분석
③ 여객의 환승방법에 대한 타 교통수단과의 환승체계 구축

3) 열차안전운행방식을 통한 개선

열차안전 운행이란?	정거장간의 공간거리에서 열차의 충돌이 일어나지 않도록 열차와 열차사이에 항상 일정한 간격이 확보되어야 열차안전운행이 보장됨

① 시간간격법(Time Interval System)
- 일정한 시간간격을 두고 연속적으로 열차를 출발시키는 방법임
- 선행열차가 도중에 정차된 경우라 하더라도 후속열차는 일정한 시간이 지나면 출발하게 되므로 중간에서 선행열차가 사고등으로 지연할 때는 위험이 초래됨
- 보안도가 낮기 때문에 화재지변 등으로 통신이 두절되는 등 특별한 경우에만 사용함

② 공간간격법(Space Interval System)
- 일정한 공간거리를 두고 일정구역을 정하여 1개의 열차만을 운행할 수 있도록 하는 방식임
- 구간을 정해서 운행하는 방식을 폐색식 운행이라 함
- 폐색구간이 길어질수록 보안도는 향상되지만 운행밀도는 제한을 받음

1. 종합운영계획의 과정을 이해하고 흐름도를 그려 보자.

2. 철도의 수송수요 예측방법을 알아보자.

3. 열차의 수송능력 개선을 위한 방안에는 어떤 것이 있는지 논해 보자.

4. 동력분산방식과 동력집중방식의 차이에 따라 수송능력이 달라지는지 생각해 보자.

5. 수송력 산정식에는 무엇이 있는지 논해 보자.

6. 차량 내의 혼잡률이란 무엇이며, 그 기준은 어떻게 될까?

7. 완행열차와 급행열차의 차이점은 어떤 것이 있을지 생각해 보자.

8. 열차단위횟수를 결정할 때 고려해야 할 사항을 논해보자.

9. 완·급행열차 혼용 시 고려사항은 어떤 것이 있는지 나열해 보자.

10. 완행열차 노선에 급행열차를 도입할 때 대피선이 필요하다. 대피선을 어떻게 설치하는
    지 그림을 그려 설명해 보자.

11. 급행열차 도입이 가져다주는 효과는 어떤 것이 있는지 생각해 보자.

12. 급행열차 도입에 따른 시간절감 효과에 대한 분석적 틀을 만들어보자.

13. 완·급행열차 혼용시 선로시설물 보수체계, 여객수요에 대한 대응측면에 고려할 사항은
    무엇인가?

14. 열차의 안전운행방식이란 무엇이며, 안전운행을 위한 방법에는 어떤 것이 있는지 논해
    보자.

15. 폐색구간이란 무엇인지 논해보자

제2부

철도차량의 특성 및 움직임

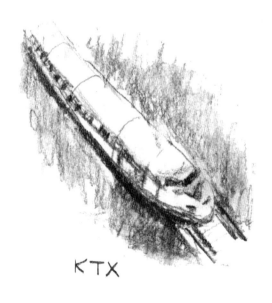

KTX

1장 / 철도차량 특성

유리까모메 (일본동경)

1. 철도차량의 개요

1.1 철도차량이란?

1) 철도차량의 개념

- 철도의 선로(線路) 위를 운행할 목적으로 제조한 차량
- 종류는 크게 동력차, 객차, 화차, 특수차 등으로 구분됨

동력차	· 기관차(증기, 디젤, 전기 기관차), 전동차, 디젤동차
객차	· 객차, 소화물차, 우편차
화차	· 유개차, 무개차, 조차, 평판차, 차장차
특수차	· 기중기, 유니목, 기타 시설점검용 장비류

소화물차	곡형 평판차	유니목 특수차

2) 차량의 분류

증기기관차	· 증기기관을 동력으로 하는 기관차
디젤기관차	· 디젤기관을 구동력으로 하여 객차, 화차를 견인하는 기관차
디젤전기기관차	· 경유를 연료로 사용하는 내연기관에 의해 발전한 전기동력으로 모터를 돌려 열차를 견인하는 동력차
전기차량	· 고속열차, 전기기관차, 전기동차, 경량전철, 바이모달차량, 틸팅열차
자기부상열차	· 자기력을 이용해 차량을 선로 위에 부상시켜 움직이는 열차

1.2 철도차량의 설계

1) 차량한계란 무엇일까?

- 철도차량이 직선궤도 위에 똑바로 선 위치에서 각종 철도차량 단면의 크기를 제한하는 최대의 범위
- 차량의 크기, 즉 차량의 단면은 클수록 수송력 증대에 유리하지만 경제성, 주행 시의 편의성 등을 고려하여 일정한 한계가 정해져 있는데 이를 '차량한계'라 함
- 선로의 건설에 있어서 이 한계를 준수하여 설계해야 함

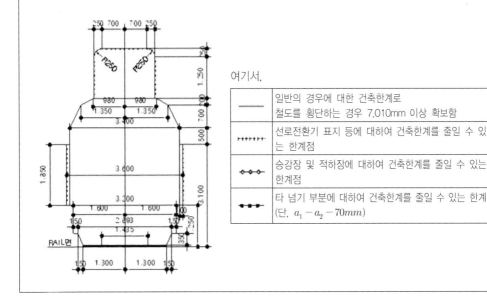

여기서,

――	일반의 경우에 대한 건축한계로 철도를 횡단하는 경우 7,010mm 이상 확보함
⊢⊢⊢⊢⊢⊢	선로전환기 표지 등에 대하여 건축한계를 줄일 수 있는 한계점
◇◇◇	승강장 및 적하장에 대하여 건축한계를 줄일 수 있는 한계점
■■■	타 넘기 부분에 대하여 건축한계를 줄일 수 있는 한계 (단, $a_1 - a_2 - 70mm$)

*자료: 한국철도기술연구원, 철도설계지침, 2011

2) 건축한계란 무엇일까?

- 차량한계의 외측으로 열차가 지장 없이 주행하기 위해 궤도상에 확보되는 모든 공간을 건축한계라고 함
- 차량한계와 건축한계는 차량과 시설물 사이에 일정한 공간을 확보하여 어떤 경우라도 접촉하지 않고 안전하게 주행할 수 있도록 정해 놓은 것임

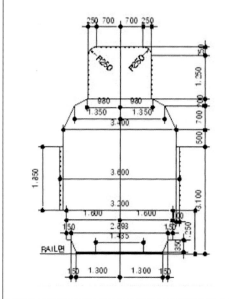

여기서, 건축한계 레일부 상세는 다음과 같음

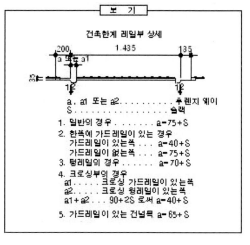

*자료 : 한국철도기술연구원, 철도설계지침, 2011

한계치수 비교

구분	차량한계(mm)	건축한계(mm)
높이	4,800	5,150
너비	3,600	4,200
궤도중심에서 승강장까지 거리	1,600	1,675

3) 차륜(車輪)

> • 차축(車軸)에 끼워져 차체의 하중을 지탱하면서 회전을 목적으로 축에 장치한 둥근 테 모양의 물체

－ 고탄소강, 차륜삭정, 차륜플랜지, 테이퍼형 차륜답면은 윤축이 어느 한쪽으로 쏠릴 경우 복원력이 작용하여 차량이 항상 선로의 중앙을 향하게 함

• 우리나라의 경우 차량의 종류에 따라 차륜의 직경을 달리 제한하고 있음

(단위 : mm)

전기기관차	디젤전기기관차	고속철도	객차, 화차
1,250	1,016	920	860

차륜답면 형상 및 치수제한

① 답면은 원뿔형상으로 표준치수 높이는 차륜 한 쌍의 중심선에서 725mm의 거리에 있는 답면에서 측정하여 25mm 이상 35mm 이하, 두께는 23mm 이상으로 설정함
② 차륜 한 쌍의 중심선에서 외면까지의 거리는 앞의 기준 답면에서 10mm 아래쪽에서 697mm 이상 713mm 이하이어야 함

4) 차축거리

(1) 차축거리(Rigid Wheelbase)

- 둘 이상의 차축이 고정된 프레임으로서 일체로 된 좌우동유간이 없는 차축 중 첫째 차축과 맨 마지막 차축과의 중심 간 수평거리를 말함
- 고정축거(固定軸距)라고도 하며 차량의 플랜지와 레일의 두부와의 접촉부분은 보통 레일 면에서 14mm 이내의 거리에 두게 되며, 무게 30kg인 레일의 경우, 그 두부의 두께는 24mm로, 7mm의 마모(磨耗)를 허용하여도 레일 두부의 두께는 17mm가 남으므로 이 수치를 기준으로 하여 정한 것임

(2) 차축거리의 제한

- 철도건설 규정상 30mm 슬랙을 갖는 반경 145m의 곡선선로에 있어서도 차량이 통과되어야 하는 규정이 있으므로 최장의 차축거리는 4.75m 이하로 설정함
- 차축 사이에 거리가 크면 주행 안전성이 좋아져 승차감이 향상되고 곡선통과가 원활하지 못하게 되므로 차축거리를 규제함

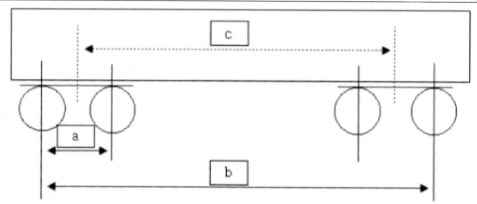

여기서, a=차축거리(고정축거)
　　　 b=전(륜) 축거
　　　 c=대차중심 간 거리

5) 철도차량의 면적과 승차정원

① 객실의 면적을 승차정원 1인당 0.3㎡ 이상
② 차체의 안전을 위하여 차량의 강도는 안전정원 4~5배에 안전계수를 주어 설계
③ 정원기준
- 1인당 면적(㎡)원칙: 0.35㎡/인
- 좌석 수: 좌석 수는 1인당 폭을 430mm로 하여 정원의 1/3 이상으로 함
- 입석 수: 입석 수는 일반적으로 점유면적을 0.14㎡ 이상으로 함

④ 승객의 쾌적도

혼잡률	승차감
100%	정원승차
150%	어깨가 맞닿고 손잡이를 잡지 못하는 승객이 1/2 정도나 신문은 어느 정도 읽을 수 있음
200%	몸 전체가 맞닿고 상당한 압박감은 있으나 주간지 정도는 읽을 수 있음
250%	열차가 흔들릴 때마다 몸 전체가 기울어져 몸체나 손을 움직일 수 없음

6) 차량의 환산방법

① 환산
- 자중: 차량 자체의 무게, 즉 공차 시의 중량
- 하중: 차량에 적재할 수 있는 안전한 무게
- 공차: 하중을 부담시키지 않는 차량
- 영차: 화물을 적재한 차량

② 차중률
- 열차의 견인정수를 결정하기 위하여 차량의 중량을 환산법에 의하여 정하는 것

③ 환산산출 방법
- 객차: 환산 1량을 40ton으로 함
- 화차: 환산 1량을 43.5ton으로 함

환산	객차	환산	화차
공차	$\dfrac{\text{객차의 자중}}{40}$	공차	$\dfrac{\text{화차의 자중}}{43.5}$
영차	$\dfrac{\text{객차의 자중+하중}}{40}$	영차	$\dfrac{\text{화차의 자중+하중}}{43.5}$

7) 사행동(Snake Motion)

① 차륜의 답면은 곡선을 원활하게 주행하기 위해 구배로 되어 있기 때문에, 직선주행에서는 진행방향의 운동과 가로방향의 운동 상에 좌우로 진동이 생김

② 좌우의 직경 차 때문에 윤축이 일정한 파장으로 인하여 좌우로 뱀처럼 움직임

③ 파장 S의 길이를 크게 하여 사행동의 나쁜 영향을 최소화함

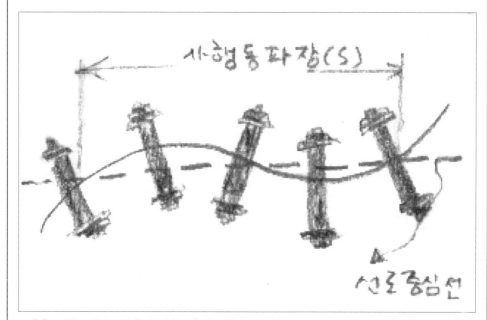

- 윤축: 차륜 2개와 이들을 연결하는 축의 조립체를 말함
- 차륜답면의 기울기를 고려하여야 함

8) 활주(Skid)와 공전(Slip)

① 활주(Skid)
- 레일과 차륜 사이의 마찰력보다 제동력이 커지면 차륜이 레일 위를 미끄러지는 현상

② 공전(Slip)
- 차륜에 전달되는 구동력이 차륜과 레일 사이의 마찰력보다 커져 차륜이 공전하는 현상

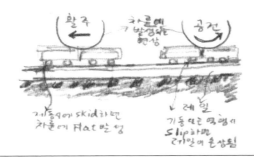

9) 철도차량의 검수

철도차량에 대하여 정상적인 기능을 확보하고 이를 보전하기 위한 검사, 정비 등을 시행하는 업무

차량검수의 종류

① 정기검수
- 일상검수
- 주간검수
- 월상검수
- 중수선(3년, 6년)

② 임시검수

③ 특종검수

④ 열차검수

⑤ 차륜삭정 및 교환검수

공항철도 검수고

2. 철도차량의 종류

2.1 증기기관차(Steam Locomotive)

1) 증기기관차의 정의

- 증기기관을 동력으로 하는 기관차
- 석탄을 때어 보일러에서 증기를 발생시키고, 이것을 실린더로 보내어 피스톤을 움직여 그 왕복운동을 크랭크에 의해 바퀴의 회전운동으로 바꿈
- 1814년 G. 스티븐슨에 의해 증기기관차의 시작을 알림

2) 증기기관차의 원리

- 증기가 증기흡입구로 들어가 실린더의 왼쪽 면으로 들어가서 피스톤을 오른쪽으로 밀게 되면 1/2 회전하게 됨
- 반대로 증기는 실린더의 오른쪽 면으로 들어와 피스톤을 왼쪽으로 밀면서 위와 같은 운동을 반복하게 됨

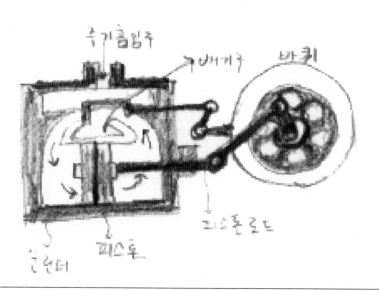

2.2 디젤기관차(Diesel Locomotive)

1) 디젤기관차의 정의

- 디젤기관을 구동력으로 하여 객차 또는 화차를 견인하는 기관차
- 기어식, 전기식, 액체식으로 구성되며, 국내의 디젤기관차는 전기식을 이용하고 있어 '디젤전기기관차'라 함
- 연료의 열에너지를 기계에너지로 바꾸는 방식이나 전기디젤기관차의 경우 기계에너지를 전기에너지로 바꾸는 방식임

2) 디젤기관차의 원리

- 디젤기관차의 엔진메카니즘=실린더 내에 공기를 흡입, 압축하여 고온고압 상태로 한 후 여기에 경유 또는 중유연료를 분사하여 자연 발화시켜 피스톤을 작동시켜서 동력을 얻는 내연기관에 의해 구동됨

2.3 디젤전기기관차(Diesel Electric Locomotive)

1) 디젤전기기관차의 정의

- 경유를 연료로 사용하는 내연기관에 의해 발전된 전기동력으로 모터를 돌려 열차를 견인하는 동력차

2) 디젤전기기관차의 원리

- 디젤기관으로 발전기를 돌려 그 전기를 동력으로 사용하므로 주 발전기를 회전시켜 발생한 전기로 견인동기를 회전시키는 방식임
- 증기기관차에 비해 중심이 낮기 때문에 곡선부의 통과속도가 높고 운전이 원활하지만 제작비가 비쌈

2.4 전기동차(Electric Rail Car)

1) 전기동차의 정의

- 전기를 동력원으로 객실을 낮추고 전차선으로부터 집전하는 전기에 의해 구동되는 구동차.
- 교류 25KV 구간과 직류 1,500V 구간을 운행할 수 있는 교직류전동차(ADV)와 직류구간만 운행할 수 있는 직류전동차(DCV)로 구별

2) 전기동차의 특징

① 일정한 편성으로 구성
② 동력분산
③ 총괄제어
④ Unit
- 축전지
- 보조공기 압축기
- 보고전원장치
- 집전장치
- 인버터, 전동기

3) 전기동차의 추진원리

- 변전소로부터 DC 1,500V 전원을 집전장치로 받아들여 이를 전력변환장치에서 전력으로 변환시켜 전동기를 회전시키는 방식

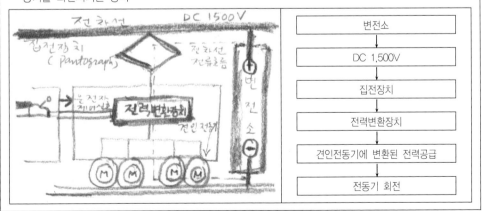

변전소

↓

DC 1,500V

↓

집전장치

↓

전력변환장치

↓

견인전동기에 변환된 전력공급

↓

전동기 회전

4) 전기동차의 종류

① 제어시스템 공급사(제작사)에 의한 구분
- ABB 전동차(스웨덴 ABB와 현대정공)
- GEC 전동차(영국 GEC 알스톰과 대우중공업)
- 도시바 전동차(일본 도시바와 한진중공업)
- 미쓰비시 전동차(일본 미쓰비시와 현대정공)

② 운행구간 및 전력공급에 의한 구분
- 교·직류 겸용 전동차
- 직류 전용 전동차

③ 전동기에 공급되는 전력의 제어방법에 의한 구분
- 저항 제어차
- CHOPPER 제어차
- VVVF 제어차

5) 저항 제어차

- 직류직권전동기를 제어할 때 견인 전동기 회로에 큰 저항기를 삽입하고 Pilot Motor를 이용하여 전동기에 공급되는 전압과 전류를 제어하는 방법으로 전동기의 속도를 제어함

- 연결방식은 다음과 같음

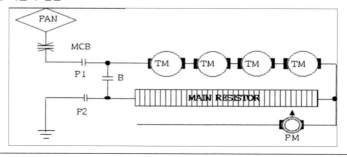

6) 쵸퍼(CHOPPER) 제어차

- 현재 지하철 2, 3호선 및 부산지하철의 주력전동차
- 직류전동기를 사용하지만 저항 제어차보다 한 단계 진보된 기술로 제작
- 싸이리스터를 이용한 쵸퍼장치로 전차선 전압을 적절히 조절하여 속도 제어
- 쵸퍼는 직류전압을 싸이리스터를 사용하여 고빈도로 쵸핑하여 변압시키므로 직류변압기라고도 함

- 연결방식은 다음과 같음

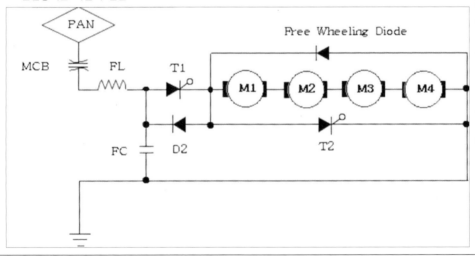

7) VVVF 제어차란?

- Variable Voltage & Variable Frequence
- 교류유도전동기의 제어방법인 전압과 주파수를 동시에 변환시킨다는 뜻
- 1992년 안산선~과천선~지하철4호선이 연결 개통되면서 적용됨

- 연결방식은 다음과 같음

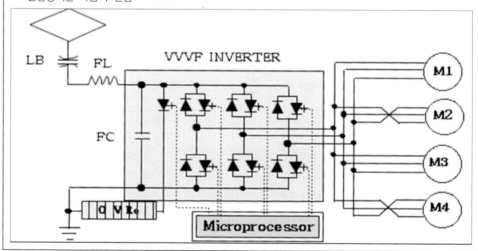

2.5 고속철도(Rapid-Transit Railway)

1) 고속철도의 정의

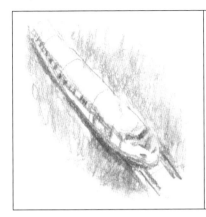

- 전용노선을 가지고 고가속, 고감속 성능과 총괄 제어기구를 갖춘 철도임
- 최고속도 200km/h 이상으로 달릴 수 있으며 현재 KTX, G7, KTX산천 등이 보급되고 있음

2) KTX의 제동시스템

- 10량 1편성, 2량의 동력차PC, 2량 단부객차, 6량의 객차
- 동력분산방식, 관절대차, 분리가능, 상용, 비상, 긴급, 정차, 주차, 구원, 보조제동

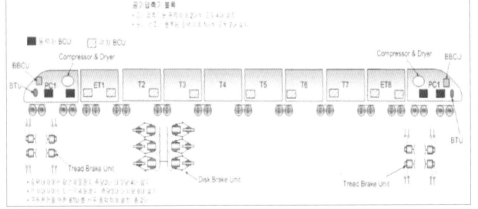

2.6 틸팅열차(Tilting Train EXpress)

1) 틸팅열차의 정의

- 틸팅차량은 차량이 곡선을 주행할 때 차체를 곡선 내부로 경사시켜 승차감을 개선하고 곡선에 있어서 주행속도를 향상시키는 차량을 말함

- 차량의 대차에 차체경사장치(Tilting)를 설치하여, 곡선부 통과 시 차체를 곡선 내측으로 더 경사시켜 좌우 정상 가속도를 작게 하여 승차감 악화 방지 및 곡선부에서 속도를 향상시킬 수 있는 시스템임
- 열차가 곡선을 주행할 때 차량의 초과 원심가속도를 상쇄시켜 승차감을 개선시키고 고속운전을 향상시킴
- 4M2T, AC25000V, 최대 틸팅각도 8도, 곡선부 속도 향상 30%, 탄소섬유 복합재료

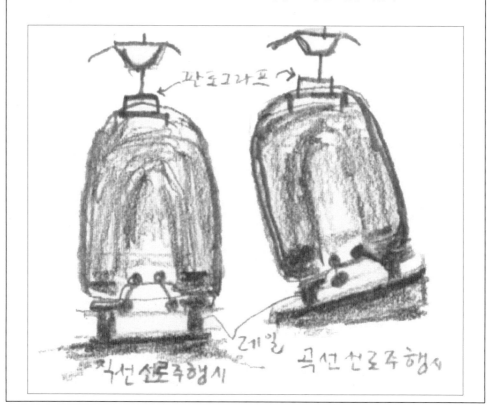

2) 틸팅차량(Tilting Car)의 종류

자연경사식 (Active Tilting)	· 차체를 롤러장치와 용수철로 지지하고 곡선 주행 시에 발생하는 원심력에 의해 차체를 자연적으로 곡선 내측으로 경사시키는 방법으로 차체의 경사 중심을 높게 함
강제경사식 (Passive Tilting)	· 고리 등으로 지지한 차체를 실린더에 의하여 강제적으로 곡선 내측으로 경사시키는 방법으로, 곡선감지방법 및 틸팅명령은 가속도계와 자이로스코프 등의 센서를 이용하여 감지되며, 횡가속도와 차량속도에 의해 틸팅이 결정되는 방식

3) 틸팅차량 운행 전제조건

· 완화곡선길이를 최대 캔트량의 2,000배 이상으로 조정
· 여객, 화물열차 혼용 시 적정 캔트량 조정으로 화물열차 속도향상 도모

4) 틸팅차량의 운영효과는 어떤 것이 있을까?

· 재래선의 곡선부에서 승객의 승차감 저하 없이 약 30% 정도의 속도 향상이 가능함
· 고속운행을 위한 노반 조성 및 궤도시설의 추가비용 경감으로 경제적으로 유리함
· 운행시간 단축으로 수송량 증대 가능
· 곡선부 통과 시의 가·감속 빈도가 줄어 에너지 소비량이 경감됨
· 국내의 경우 경부선은 많은 곡선과 기울기를 포함하고 있어 탈팀차량 운영시 열차의 속도를 10% 정도 밖에 향상시킬 수 없는 것으로 검토된 연구가 있음
· 국내의 지형 및 특성에 적합한 연구가 보완되고 있는 실정임

2.7 경량전철(Light Rail Transit)

1) 경량전철의 정의

	· 기존의 지하철도와 같은 중량전철과는 달리 가벼운 전기철도로서, 지하철도와 대중버스의 중간 정도의 수송능력을 갖춘 대중교통수단 · 모노레일, AGT, 궤도버스, 노면전차, PRT, 자기부상열차 등

2) 경량전철의 유형별 특성

구분	고무차륜 AGT	철제차륜 AGT	LIM	모노레일	노면전차
차량					
장점	• 회전 및 등판능력 우수 • 가·감속 성능 우수	• 기존기술 채용 • 건설용이 • 별도 융설설비 불필요	• 가·감속 성능 우수	• 구조물 슬림 • 토목공사비 저렴	• 공사비 저렴
단점	• 융설설비 필요	• 가·감속 성능 부족 • 회전 및 등판능력 부족	• 곡선구간 차륜소음 • 구조물 대형 • 전력소모 과다	• 사고 시 구원방법 난이 • 가·감속 성능 부족	• 표정속도가 낮음 • 정시성 확보 곤란 • 도로 점유
제작사	지멘스(독) 미쓰비시(일) 우진산전(한)	알스톰(프) 안살도(이)	봄바디(카)	히다치(일) 봄바디(카) 엠트랜스(말)	지멘스(독) 봄바디(카) 알스톰(프)
국내 적용	• 의정부 • 광명 • 수원(제안 중)	• 김해	• 용인	• 광주, 고양 • 서울 3개 노선 (강남, 관악, 여의도)	• 전주 • 울산 • 성남

3. 철도차량의 부속시설물

3.1 주요장치

① 팬터그래프
- 전차선의 전원을 전기동차로 수전하는 집전장치

② 주차단기(MCB)
- 교류구간 운전 중에 MT(주변압기) 1, 2차측 이후의 회로에 고장 발생 시 과전류를 신속하고 안전하게 차단할 목적으로 설치된 기기

③ 교직절환기
- 전차선의 전원에 따라 전동차의 회로를 교류 또는 직류회로로 절환하는 기기

④ 주휴즈(MFS)
- 주변압기를 보호할 목적으로 설치한 기기로 주변압기 1차측 회로에 이상전류가 들어올 경우 용손되어 주변압기를 보호

⑤ 비상접지스위치
- 비상의 경우에 팬터그래프 회로를 직접 접지시켜 전차선을 단락하고 전원 측(변전소)의 차단기를 개로 시킴

⑥ 계기용 변압기
- 교류구간에서 교류 25KV를 AC100V로 강압하여 이를 정류하여 AC24V로 교류전압계전기(ACVR)를 동작시킴

⑦ 교류피뢰기
- 교류구간 운전 중 낙뢰 등 전압이 흘러들어 왔을 경우 전차선 전원을 개로함

⑧ 직류피뢰기
- 컨버터 또는 가선으로부터 DC1,500V를 공급받아 유도전동기를 구동하기에 알맞은 가변주파수, 가변 전압을 갖는 교류 3상 전류를 출력

⑨ 교류 과전류계전기
• 주변압기 1차측에 과전류 발생 시 주차단기를 차단하여 주변압기 보호

⑩ 주변압기
• 교류구간에서 전차선에 공급된 AC25KV를 2×840로 조정하여 주변환기 컨버터에 공급

⑪ 변류기
• 주변압기 1차측에 과전류 발생 시 과전류계전기(ACOCR)를 동작시켜 주차단기(MCB)를 개방하고, 모진 보호용 변류기(CT2) 직류구간 운행 중 전차선에 교류25KV가 혼촉되거나 교류모진 시 동작하여 피뢰기 과전류계전기(ArrOCR)를 동작

⑫ 주변환기
• 컨버터와 인버터를 합친 시스템
• 교류구간에서는 컨버터와 인버터 모두 구동
• 직류구간에서는 교직절환기(ADCg)에 의해 인버터만 동작

⑬ 필터 리엑터
• 주회로의 고조파분을 흡수하고 전차선의 이상 충격 전압 등 흡수하여 주변환기의 링크부에 이상전압이 발생되는 것 방지

3.2 방송장치

1) 방송장치의 구성

① 방송장치 의미
· 승객의 유도 및 안내에 사용되는 장치로서 자동방송장치, 방송장치, 매표방송, 원격방송

② 자동방송장치
· 역 구내 여객 유도, 안내방송, 행선지 자동방송, 역무실 주조정택에서 안내방송, 경고방송 등 사용되는 장비
· 본체함, 조정탁으로 구성

③ 관제방송장치
· 관제실에서 각 역사에 긴급 상황 발생 시 승객의 유도 및 안내방송, 오존경보 방송 등
· 각 역사를 개별 및 그룹, 전체 그룹방송을 할 수 있는 장치
· 관제방송콘솔, 역장치

④ 방송순서
· 방송에 우선순위를 두어 긴급 상황 발생 시 최우선으로 방송
· 각 역사 화재방송을 최우선으로 취급하고 다음으로 E/M 관제방송, 열차진입방송, 일반관제방송, 일반방송으로 사용함

⑤ 개별방송
· 방송 시 역사 선택 → 행선지 선택 → 오디오 선택

⑥ EM방송
· EM방송은 관제방송에 최우선으로 방송

2) 차량 내 방송장치

① 기능
- 승객의 안전한 승하차와 공지사항을 전달하는 기능
- 객실 내 비상사태 발생 시 승객과 승무원 관제와 승객과의 통화기능

② 우선순위
- 1순위: 관제의 대 승객 방송
- 2순위: 승객의 비상통화
- 3순위: 승무원의 차내방송
- 4순위: 승무원의 운전실 간 통화
- 5분위: 자동방송장치의 자동안내방송

③ 구성

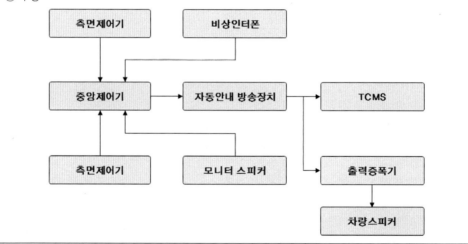

- 중앙제어기: 객실방송, 좌우 차외방송, 운전실 비상인터폰과의 통화, 관제에서의 승객방송, 승무원과의 비상인터폰 통화
- 측면제어기: 객실방송, 차외방송, 수동안내방송, 운전실 인터폰통화
- 비상인터폰: 객실과 통화, 관제와 통화
- 모니터스피커: 운전실에 설치된 스피커
- 출력증폭기: 음성신호를 증폭
- 차량스피커: 실, 차 외측에 설치

3.3 승객안내장치

① 기능
- 승객 서비스 향상을 위하여 전차의 행선지, 정차역, 다음 정차역, 정차역의 출입문방향 및 공지사항을 방송장치와 연계하여 표시

② 우선순위

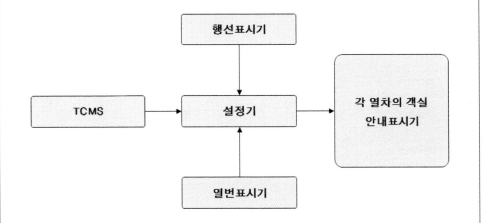

- 설정기: TCMS와 통신하며 각 정보를 표시기에 전달하고 고장 검지, 데이터 전송, 자동 및 수동 설정 등 가능
- 열번표시기: 열차번호 표시
- 행선표시기: 종착역 표시
- 객실안내 표시기: 객실 내에 정보 표시

3.4 각종 계기류

① 공기압력계: 해당 TC차의 주공기 압력 및 제동통 압력 현시
② 전차선 전압계: 주회로에 입력되는 가선전압 현시
・ M차 4개의 VVVF인버터 중 최곳값 현시

③ 전차선 전류계: 주회로에 공급되는 전류
・ M차 4개의 VVVF인버터와 두 개의 SIV 총 전류값 현시

④ 축전지 전압계: 양쪽 TC차 축전지 전압 중 높은 값 현시

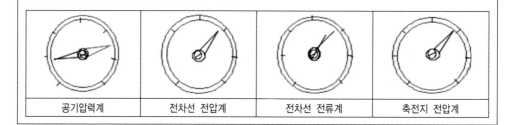

| 공기압력계 | 전차선 전압계 | 전차선 전류계 | 축전지 전압계 |

3.5 동력집중방식과 동력분산방식

구분	집중식	분산식
고장률	적으나 고장 시 열차운행에 영향이 큼	많으나 고장 시 열차운행 영향이 적음
차량유지관리비	견인장치가 대용량이고 수량이 적어 저렴	견인장치가 소용량이고 수량이 많아 불리
차량가격	저렴	고가
초기투자비	낮음	많음
선로영향 및 제한속도	영향이 크고, 제한속도 낮음	영향이 작고, 제한속도를 높일 수 있음
가감속도	점착중량이 적어 작다	크다
전기제동력	점착중량이 적어 작다	크다
양방향운전	불리	유리
표정속도	가감속도가 낮아 불리	유리
수송수요에 따른 분할, 합병	어렵다	용이
소음 및 진동	적다	크다

1. 철도차량에는 어떤 유형의 차량이 있는지 논해 보자.

2. 차량한계와 건축한계에 대해 설명하고, 한계치수를 비교하여 보자.

3. 차륜(車輪)은 무엇이며, 우리나라의 차륜직경은 얼마나 되는지 생각해 보자.

4. 철도차량의 객차당 차축거리(Rigid Wheelbase) 및 규정은 어떻게 될까?

5. 차량당 정원과 혼잡률에 대해 생각해 보자.

6. 혼잡률은 철도계획시나 철도운영시에 어떻게 활용하나?

7. 활주(Skid)와 공전(Slip)의 관계에 대해 논해 보자.

8. 차량의 기능을 확보하기 위한 차량검수는 언제 실시하는지 생각해 보자.

9. 차량의 종류에는 어떤 것들이 있는지 논해 보자.

10. 증기기관차의 원리에 대해 논해 보고, 도식화하여 보자.

11. 디젤기관차와 디젤전기기관차는 무엇이며, 차이를 비교하여 보자.

12. 틸팅열차(Tilting Train)의 기능 및 특징에 대해 논해 보자.

13. 현재 국내·외에서 틸팅열차에 대한 연구가 활발하다. 틸팅열차에 관한 연구는 어느단
    계까지 와있는지 고찰해 보자

14. 틸팅열차가 가진 문제점은 승객이 어지러워 하는 등 승객승차감 저하이다. 이 문제를
    어떻게 극복해야 할까?

15. 경량전철의 유형별 특성은 어떤 것이 있는지 생각해 보자.

16. 철도차량의 부속시설물에는 어떤 장치들이 있는지 생각해 보자.

17. 동력집중방식과 동력분산방식의 차이를 설명하여리.

2장 / 철도차량의 움직임

스카이트레인 (캐나다, 밴쿠버)

1. 차량의 움직임

1.1 동력과 움직임

1) 철도의 힘, 요소, 활용분야

- 철도교통수단은 추진력, 견인력, 제동력을 지니고 있음
- 이러한 힘에 의해 얻을 수 있는 부산물은 속도, 비용, 에너지소모량 등임

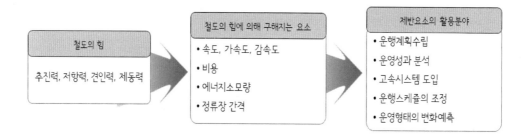

차량의 힘은 어디서 오나?	• 차량 움직임에 필요한 힘은 동력과 저항력의 차이만큼 발생되는 량 • 즉, 열차의 동력과 주행에 발생하는 저항력의 차

$$F = P - R$$

$F = 힘$
$P = 동 력$
$R = 저 항 력$

힘(F) = 견인력-저항력(공기저항, 무게저항)

운행특성	차량이 운행 시의 가속, 주행, 감속, 정차의 과정에서 산출된 거리, 시간 등을 통해 운행계획을 수립할 수 있으며 효율성을 평가할 수 있는 지표가 됨

가속이란?	차량이 출발할 때 일정속도에 도달하기 전까지 가속

가속 시 최고속도에 도달하기까지의 거리 D_a 및 최고속도($V_{\max}$)와 평균가속도 $\bar{a}$ 와 시간 t_a 와의 관계는 다음과 같음

$$D_a = \frac{\bar{a}t_a^2}{2}, \quad V_{\max} = \bar{a}t_a$$

여기서 D_a = 가속 시 최고속도에 도달하기 까지의 거리

$V_{\max}$ = 최고속도

$\bar{a}$ = 평균가속도

t_a = 가속시간

주행이란?	차량이 동력 또는 무동력을 이용하여 달리는 것을 주행이라 말하며, 주행에는 동력주행과 무동력주행으로 나누어볼 수 있음

역간거리가 짧을 때: 정지시작 시점까지 최고속도로 주행

역간거리가 길 때: 에너지소모량 및 모터의 성능 등 변수로 인하여 최고속도를 유지하며 주행하기 어려움. 따라서 최고속도 도달시점에서 엔진을 정지하여 무동력으로 운행함

$$D_v = V_{\max}t_v$$

감속이란?	주행하던 차량이 정지를 위해 속도를 줄이는 것으로 서서히 감속도가 생김

특정속도 V_i 로 주행하던 차량이 정지하기 위해서는 평균감속도 $\bar{b}$ 로 시간 t_a 동안 거리 S_b 를 주행해야 한다. 이상을 식으로 표현하면 다음과 같음

$$s_b = \frac{\bar{b}t_b^2}{2}, \quad V_i = \bar{b}t_b$$

여기서 S_b = 감속주행거리

t_b = 감속시간

V_i = 주행속도

$\bar{b}$ = 평균감속도

특정속도 V_i 는 동력주행 시 최고속도이며 무동력주행 시 감소된 속도를 의미

힘이 영이 아니면 차량은 가속하거나 감속하는 상태에 있다고 할 수 있음

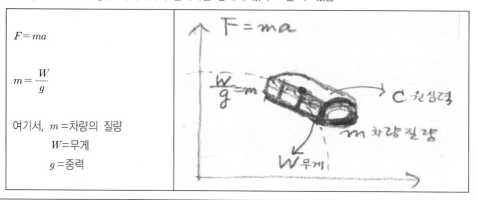

$$F = ma$$

$$m = \frac{W}{g}$$

여기서, m = 차량의 질량
W = 무게
g = 중력

2) 힘과 무게가 일정할 때의 변화

일반적으로 동력과 저항력, 차량무게는 시간에 따라 달라지기 때문에 "t"를 적용함

$$\frac{dV}{dt} = \frac{F(t)}{W(t)} \cdot g$$

이때, W와 F가 일정하고 단순한 경우를 들어 설명해 보면 다음과 같음

$$a(t) = \frac{dV}{dt}$$

$$V(t) = \frac{dX}{dt}$$

$$X = \int_{t_0}^{t_1} V(t)dt$$

$$V = \int_{t_0}^{t_1} a(t)dt$$

$$V_1 = V_0 + a(t_1 - t_0)$$
$$X_1 = X_0 + V_0(t_1 - t_0) + \frac{1}{2}a(t_i - t_0)^2$$

여기서, V_1 = 시간 t 때의 속도
X_1 = 시간 t 때의 위치

$$i)\ V_0 = \lim_{t_1 \to t_0} \frac{X - X_0}{t_1 - t_0}$$

$$V = \frac{dx}{dt}$$

$$a = \frac{dv}{dt} = 0$$

견인력 = 저항력(등속도 운동)(정지)

$$ii)\ a_0 = \lim_{t_1 \to t_0} \frac{V_1 - V_0}{t_1 - t_0}$$

$$\frac{dv}{dt} = F \cdot \frac{g}{w} \leftarrow a = \frac{F}{m} = \frac{F(t)}{W(t)} \cdot g$$

1.2 운행속도, 가속, 임계운행거리, 유효속도

1) 운행속도, 가속거리, 감속거리

운행속도

$$V_{CR} = 0 + a_1 t \qquad t_1 = \frac{V_{CR}}{a_1}$$

가속거리

$$d_1 = 0 + 0 + \frac{1}{2} a_1 (t_1^2) = \frac{1}{2} \cdot \frac{V_{CR}^2}{a_1}$$

감속거리

$$d_2 = \frac{1}{2} a_2 (t_2^2) = \frac{1}{2} \cdot \frac{V_{CR}^2}{a_2}$$

여기서,
V_{CR} = 차량운행속도
d = 차량운행거리
t_L = 차량정지시간(승하차에 소요되는 시간)
a_1 = 가속도
a_2 = 감속도

2) 철도역 간 속도와 시간과의 관계

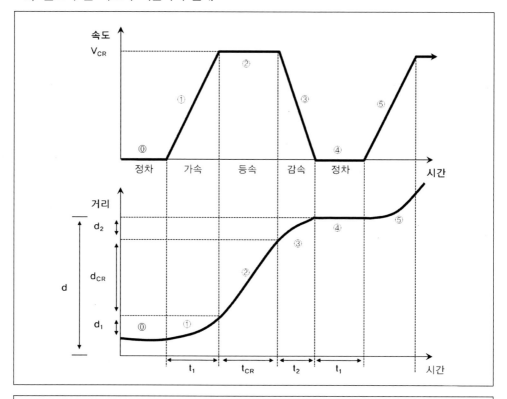

주행거리	운행속도에 의해 차량이 주행한 거리 d_{CR}

$$d_{CR} = d - d_1 - d_2 = d - \left[\frac{1}{2} V_{CR}^2 \left(\frac{1}{a_1} + \frac{1}{a_2} \right) \right]$$

소요시간	거리 d_{CR}을 운행하기 위해 소요된 시간 t_{CR}

$$t_{CR} = \frac{d_{CR}}{V_{CR}}$$

이동시간	거리 d의 이동하는 데 소요되는 이동시간 t_M

$$t_M = t_1 + t_{CR} + t_2$$

이동속도	거리 d의 차량 이동속도 V_M

$$V_M = \frac{d}{t_M}$$

$$V_M = V_{CR}\left[\frac{1}{1 + \frac{1}{2d}\, V_{CR}^2 \left(\frac{1}{a_1} + \frac{1}{a_2}\right)}\right]$$

$$V_M = \frac{d}{V_{CR}} + \left[\frac{1}{2}\, V^2{}_{CR}\left(\frac{1}{a_1} + \frac{1}{a_2}\right)\right]$$

3) 임계운행거리를 고려할 때의 속도와 시간

여기서, D_{CC}를 임계운행거리(Critical Cruise Distance)라고 정의하고, 이 임계운행거리보다 거리가 작으면 운행속도, V_{CR}에 미치지 못하게 됨
(가·감속을 위해 최소한 필요한 시간)

가·감속 시 필요한 최소거리	$D_{CC} = \dfrac{1}{2} V_{CR}^2 \left(\dfrac{1}{a_1} + \dfrac{1}{a_2} \right)$

만약 $d \leq D_{CC}$이면 V_{CR}에 도달하지 않은 상태가 되어 속도와 시간은 다음과 같음

$d < D_{cc}$ 경우 속도·시간	$V_M = \sqrt{\dfrac{2d}{\left(\dfrac{1}{a_1} + \dfrac{1}{a_2} \right)}}$ $t_M = \sqrt{\dfrac{d}{2} \left(\dfrac{1}{a_1} + \dfrac{1}{a_2} \right)}$

가속과 감속 시 필요한 시간 t_0는 운행시간 t_{CR}과 운행거리 d에 의해 계산됨

가·감속 시 필요시간	$t_0 = t_M - t_{CR}$ $= \dfrac{d}{V_{CR}} + \left[\dfrac{1}{2} V^2{}_{CR} \left(\dfrac{1}{a_1} + \dfrac{1}{a_2} \right) \right] - \dfrac{d}{V_{CR}}$ $= \dfrac{1}{2} V_{CR} \left(\dfrac{1}{a_1} + \dfrac{1}{a_2} \right)$ 또는 $t_0 = \dfrac{D_{CC}}{V_{CR}}$

4) 유효속도

유효속도 파라메타 도입 $r_0, \lambda_0, \lambda_{CT}$	$$\gamma_0 = \frac{t_0}{t_{CR}} = \frac{D_{CC}}{d}$$ γ_G는 "0"으로 가정하므로 γ_0는 다음과 같이 정리됨 $$\gamma_0 = 1 + \gamma_G + \gamma_0 = 1 + \frac{D_{CC}}{d}$$
유효녹색속도	그러므로 유효녹색속도는 다음과 같아짐 $$V_2 = V_{CR} \cdot \gamma^{-1_0} = V_{CR}\left[\frac{1}{1 + \dfrac{D_{CC}}{d}}\right]$$
유효녹색시간	아울러 유효녹색시간은 다음과 같음 $$t_2 = t_{CR} \cdot \gamma_0 = t_{CR}\left[1 + \frac{D_{CR}}{d}\right]$$

1.3 승하차를 고려한 운행특성

1) 스테이지시간(Stage Time)을 고려한 속도

- 우선 스테이지시간(Stage Time)을 정류장에서 승객 승하차가 막 끝난 시점으로부터 다음 정류장 정차 시까지의 시간으로 설정해 보자.
- t_L을 승하차시간, t_3를 스테이지시간으로 놓으면 t_3는 다음과 같아짐

스테이지시간 (Stage Time)	$$t_3 = t_L + t_M$$ 여기서 t_3 =스테이지(stage)시간 t_M =이동시간 t_L =승하차시간

유효속도	t_L을 고려한 일정한 거리를 주행하는 유효속도 V_L은 $$t_3 = t_L + t_M$$ 이에 따라 일반식을 도출하면 다음과 같음 $$V_3 = V_{CR}\left[\cfrac{1}{1 + \cfrac{V_{CR}}{d}[t_L + \frac{1}{2}V_{CR}(\frac{1}{a_1} + \frac{1}{a_2})]}\right]$$

2) 거리(d)가 운행속도(V_{CR})보다 작을 때와 주행거리보다 클 때의 관계

$d < V_{CR}$ 경우	d가 V_{CR}에 도달하지 못한 경우에는 다음과 같이 도출됨 $$t_3 = t_L + \frac{1}{2}V_{CR}(\frac{1}{a_1} + \frac{1}{a_2}) + \frac{d}{V_{CR}}$$ $$t_3 = t_L + \sqrt{\frac{d}{2}(\frac{1}{a_1} + \frac{1}{a_2})}$$ $$V_3 = \cfrac{d}{t_L + \sqrt{\frac{d}{2}(\frac{1}{a_1} + \frac{1}{a_2})}}$$
$d > V_{CR}$ 경우	$$\gamma_L = \frac{t_L}{t_{CR}}$$ $$\lambda_L = 1 + r_G + r_0 + r_L = 1 + \frac{D_{CC}}{d} + \frac{t_L V_{CR}}{d}$$
유효속도 주행거리 이동시간	$$V_3 = V_{CR} \cdot \lambda^{-1_L} = V_{CR}\left[\cfrac{1}{1 + \frac{1}{d}(D_{CC} + t_L \cdot V_{CR})}\right]$$ $$t_3 = t_{CR} \cdot \lambda_L = t_{CR}\left[1 + \frac{1}{d}(D_{CC} + t_L \cdot V_{CR})\right]$$ $V_{CR} \to$ 특성 감안 시 감소 $> V_2 > V_3$

예제	기본적 파라메타가 아래와 같이 주어졌을 때 유효속도 관계식을 도출하는 과정을 그림을 그려 설명

기본적 파라메타

$$\gamma_0 = \frac{t_0}{t_{CR}} = \frac{D_{CC}}{d}$$

$$\gamma_L = \frac{t_L}{t_{GR}}$$

$$\lambda_0 = 1 + \gamma_G + \gamma_0 = 1 + \frac{D_{CC}}{d}$$

$$\lambda_L = 1 + \gamma_G + \gamma_0 + \gamma_L = 1 + \frac{1}{d}(D_{CC} + t_L V_{CR})$$

풀이

$$V_2 = V_{CR} \cdot \lambda_L^{-1} = V_{CR} \left[\frac{1}{1 + \dfrac{D_{CC}}{d}} \right]$$

$$t_2 = t_{CR} \cdot \lambda_0 = t_{CR} \left[1 + \frac{D_{CC}}{d} \right]$$

$$V_3 = V_{CR} \cdot \lambda_L^{-1} = V_{CR} \left[\frac{1}{1 + \dfrac{1}{d}(D_{CC} + t_L V_{CR})} \right]$$

$$t_3 = t_{CR} \cdot \lambda_L = t_{CR} \left[\frac{1}{1 + \dfrac{1}{d}(D_{CC} + t_L V_{CR})} \right]$$

참고: $D_{CC} = \dfrac{1}{2} V_{CR}^2 \left(\dfrac{1}{a_1} + \dfrac{1}{a_2} \right)$

위의 결과 → $d \geq D_{CC}$ 경우에 한함

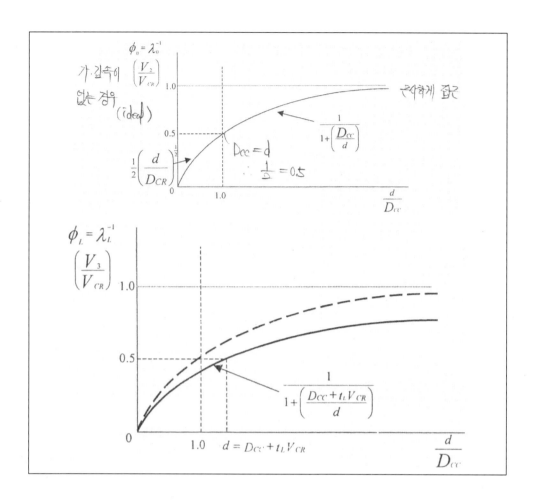

1.4 비선형 가속

왜 비선형인가?	대부분의 속도의 형태는 선형이 아니고 비선형이다. 왜냐하면 차량의 동력시스템은 제로 가속상태에서 움직이고 가속상태로 지속적으로 부드럽게 진행되는 것이 아니기 때문임
당기는 힘(Jeck) 이동시간 주행거리	가속은 시간의 함수 a(t)이다. 그리고 가속의 변화율은 $\dfrac{d_a(t)}{dt}$ 라고 하고, 이를 갑자기 당기는 힘(jerk)이라고 부름

가속변화율 $= \dfrac{da(t)}{dt}$

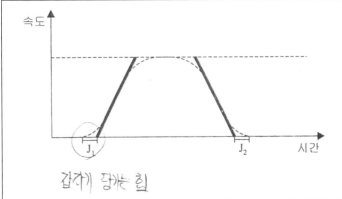

갑자기 당기는 힘

운영파라메타
⇓
관계식

총 이동시간 t_M은 가속과 감속 시의 손실시간 $t_1, t_2,$ 그리고 t_j (jerk)를 고려한 힘이 됨

$$t_M = t_1 + t_2 + t_3 + t_j$$

여기서 운영특성상의 t_0를 설정하면 다음과 같음

$$t_o = \frac{D_{CC}}{V_{CR}} + ttj$$

여러 가지 운영파라메타들은 다음과 같이 정립

$$\gamma_0 = \frac{D_{CC}}{d} + \frac{t_j}{t_{CR}} = \frac{1}{d}(D_{CC} + t_j V_{CR})$$

$$\lambda_0 = 1 + \gamma_G + \gamma_0 = 1 + \frac{1}{d}(D_{CC} + t_j V_{CR})$$

$$\gamma_L = \frac{t_L}{t_{CR}}$$

$$\lambda_L = 1 + \gamma_R + \gamma_0 + \gamma_L = 1 + \frac{1}{d}\left[D_{CC} + V_{CR}(t_j + t_L)\right]$$

운영파라메타 ⇓ 관계식	이러한 관계식은 다음 식과 같이 일반적인 경우에 적용함 $d \geq D_{CC}'$ $D_{CC}' = D_{CC} + t_j V_{CR}$

예제 ①	어느 시에서 운행되고 있는 경전철의 운행시간과 운행속도를 도출하고자 다양한 조건에서 분석하였다. 주어진 조건을 토대로 운행시간과 운행속도를 구하여라.

기본적 파라메타

가속률 감속률 견인력	a_1(가속률) = 1m/sec2 a_2(감속률) = 1m/sec2 t_j(jerk에 의한 추가지체) = 2초/가속/감속
속도	도심지: V_{CR} = 50 km/kr 외곽: V_{CR} = 70 km/kr
정차시간	정류장 정차시간/정류장 t_L 도심지: 20초(피크 시), 15초(비피크 시), 17.5초(평균)
이동시간	총 이동시간은 t_0, t_L, t_{CR}로 구성되며 t_G =0임 $t_3 = t_{CR} + t_0 + t_L$ $t_0 = \dfrac{D_{CC}}{V_{CR}} + t_j$ $\dfrac{1}{a_1} + \dfrac{1}{a_2} = 2\sec^2/m$

V_{CR} D_{CC}	$\underline{V_{CR}}$ $\underline{D_{CC}}$ $\underline{D_{CC}'}$ 50kph 0.193km 0.221km 여기서 정류장 간격 300m는 70kph 속도의 임계거리(D_{CC}')보다 작은 간격임

LRT의 유효속도

위치	정차시간(초)		운행속도 (V_{CR}) (kph)	D_{CC} (km)	$t_3 =$ (초)	d = 0.3km		d = 0.6km	
						t3 (sec)	V3 (kph)	t3 (sec)	V3 (kph)
도심	피크	20	50	0.193	36+72d	57.5	18.8	79.1	27.3
	비피크	15		0.193	33.5+72d	55.5	19.6	76.6	28.2
	평균	17.5		0.193	31.0+72d	52.5	20.6	74.1	29.2

해 1) $D_{CC} = \dfrac{V_{CR}^2}{2}\left(\dfrac{1}{a} + \dfrac{1}{a}\right) = \dfrac{1}{2}(50)^2 \times \dfrac{1,000}{(3,600)^2} \times 2 = 0.193 km$

해 2) $t_3 = t_{CR} + t_0 + t_2$

$$t_{CR} = \frac{d}{V_{CR}} = \frac{d}{50km/h \times \dfrac{1}{3,600}} = 72d$$

$$t_0 = \frac{D_{CC}}{V_{CR}} + t_j = \left[\left(\frac{0.193}{50km} + 2 \times \frac{1}{3,600}\right)\right] \times 3,600 = 16초$$

$$t_L = 20초$$

$$t_3 = 36 + 72d$$

예제 ②

역간거리가 2,000m인 두 역 사이를 운행하는 6량 편성의 철도차량이 있다. 이 열차는 출발 후 가속하여 600m를 주행하는 동안(Da) 최고속도 100km/h(V_{max})에 도달할 수 있다. 최고시속에 도달하였을 때 다음 두 가지 운행방법을 적용할 수 있음. 두 방법을 산정

1) 최고속도를 유지하며 동력 주행할 때 운행시간을 산정할 것

2) 최고속도 도달 후 무동력으로 주행할 시 운행시간을 구할 것(이때 저항에 의한 감속도는 0.1‰임

3) 최고속도 주행 시 에너지소모량이 3kW/대-km일 경우 에너지소모량 측면에서 동력주행시와 무동력주행시를 비교할 것

위에서 Da=600m이고 Vmax=100km/h이므로

$$D_a = \frac{\bar{a} \cdot t_a^2}{2}, \qquad V_{\max} = 3.6\bar{a}t_a$$

이상을 연립하여 풀면 $\bar{a} = 0.64 m/s^2$ 임

동력주행 시	$T_s = \dfrac{D}{v_{\max}} + \dfrac{v_{\max}}{2}\left(\dfrac{1}{\bar{a}} + \dfrac{1}{\bar{b}}\right) + t_s$ 에서 $T_s = \dfrac{2,000 \times 3.6}{100} + \dfrac{100}{3.6 \times 2}\left(\dfrac{1}{0.64} + 1\right) = 107.6$초
무동력 주행 시	$D = \dfrac{1}{2}\left(\dfrac{v_{\max}^2}{\bar{a}} + \dfrac{v_{\max}^2 - v_c^2}{c} + \dfrac{v_c^2}{\bar{b}}\right)$ $2,000 = \dfrac{1}{2}\left(\dfrac{\left(\dfrac{100}{3.6}\right)^2}{0.64} + \dfrac{\left(\dfrac{100}{3.6}\right)^2 - v_c^2}{0.1} + \dfrac{v_c^2}{1.0}\right)$ $9v_c^2 = 4,992 \quad v_c = 23.4^m/_s$ 이렇게 구해진 v_c를 이용하여 다음 식으로 전환하면 $T_s = v_{\max}\left(\dfrac{1}{\bar{a}} + \dfrac{1}{c}\right) + v_c\left(\dfrac{1}{\bar{b}} - \dfrac{1}{c}\right) + t_s$ $T_s = \dfrac{100}{3.6}\left(\dfrac{1}{0.64} + \dfrac{1}{0.1}\right) + 23.4\left(\dfrac{1}{1.0} - \dfrac{1}{0.1}\right) = 110.6$초
주행 시 에너지 소모량	주행거리(D_s)=역간거리(D)-가속거리(D_a)-감속거리(D_b) $D_v = 2,000 - 600 - \dfrac{1}{2} \cdot 1.0 \cdot \left(\dfrac{100}{3.6 \times 1.0}\right)^2 = 1.014.2m$ 에너지소모량 E는 $e \times D_v = 3 \times 1,014.2 = 3,043$ W 동력주행 시 통행시간은 107.6초이고 무동력주행 시 110.6초임 이 두 경우의 시간은 3초 정도 차이가 발생하지만 에너지소모량에서 3kWH의 이득을 볼 수 있음

2. 열차저항(Train Resistance)

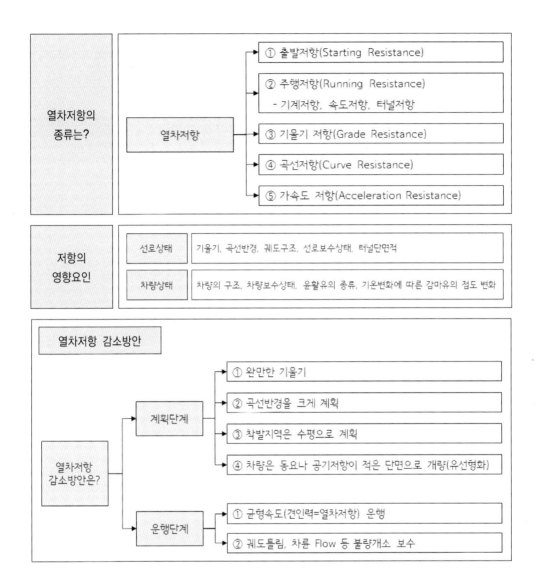

2.1 기본저항

기본저항 이란?	· 차량의 기본저항은 rolling 저항력과 선로 저항력으로 구분 · rolling 저항력: 차량과 선로 사이에 작용하는 저항력으로 차량의 지지방식에 따라 달라짐 · 선로 저항력: 선로 자체의 속성에 대한 저항력 · 현실적으로 두 저항을 구분하기 어려우므로 실험에 의한 저항식 산출 · 기본저항은 차량의 무게와 속도에 영향을 받게 됨

도로대중교통수단

$$R_o^h = \left(c_1^h + c_2^h V\right) G$$

여기서, R_0^h = 대중교통수단의 기본저항

$c_{1,}^h c_2^h$ = 도로대중교통의 계수

V = 차량속도(km/h)에 비례

G = 차량무게(KN)

열차(Davis식)

$$R_o^r = \left(c_1^r + \frac{c_3^r}{p} + c_2^r V\right) G$$

여기서, R_o^r = 열차의 기본저항

$c_{1,}^r c_{2,}^r c_3^r$ = 열차의 계수

p = 축하중

V = 차량속도

G = 차량무게

2.2 공기저항

공기저항이란?	차량의 몸체설계요소와 공기밀도, 주행속도 등에 영향을 받음 $R_a = c_a A V_r^2$ 여기서, R_a = 공기저항(도로대중교통수단 및 열차에 같이 적용) c_a = 공기저항 계수 A = 차량전면부 면적 V_r = 공기흐름에 상대적으로 작용하는 차량의 속도

2.3 총 차량저항(기본저항+공기저항)

총 차량저항 (기본저항+공기저항)	차량이 평지구간의 직선구간을 주행할 때 해당되는 저항 $$R_0^h = \left(c_1^h + c_2^h\,V\right)G + c_a^h A\,V_r^2$$ $$R_0^r = \left(c_1^h + \frac{c_3^r}{p} + c_2^r\,V\right)G + c_a^r A\,V_r^2$$ SAE의 실험을 통해 산출된 차량형태에 따른 평균값을 적용해 보면, $$R_o^h = \left(7.6 + 0.056\,V\right)G + 0.018A\,V_r^2$$ $$R_o^r = \left(0.65 + \frac{129}{p} + 0.09\,V\right)G + 0.0716A\,V_r^2$$ 여기서, R^h =대중교통수단의 총 차량저항 R^r =열차의 총 차량저항 차량면적(m²) 표

차량면적(m²)

대중교통수단	열차
버스/트롤리버스: 6.5~7.0m²	LRT: 7.8~8.0m², 일반열차: 10.0~12.4m²

* SAE=Soliety of Automoltve Engiheehs

저항력과 차량속도와의 관계	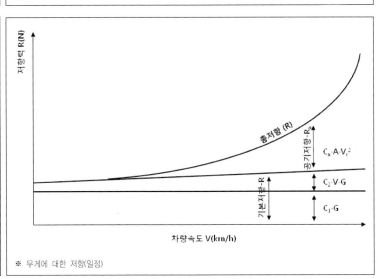 ※ 무게에 대한 저항(일정)

2.4 구배저항

대중교통수단 구배저항은 어떻게 될까?	대중교통수단은 승용차에 비해 무게가 커 구배에 대한 영향이 상대적으로 크며, 구배는 차량의 등판능력 및 주행속도에 영향을 미침 $R_g = 1,000\,G\sin\alpha$ 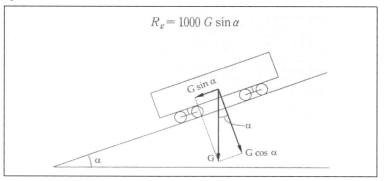 여기서, 등판능력(Hill Climbing Ability)이란 차량이 오를 수 있는 능력으로 비탈면과 수평면과의 각도 또는 $\tan\theta$ 로 나타냄
열차의 구배저항	궤도시스템의 경우 차량과 선로 사이의 마찰력이 다른 시스템보다 작아 설계상 ‰의 단위를 사용한다. 따라서 대중교통수단에 작용하는 구배는 일반적으로 적기 때문에 $\sin\alpha \simeq \tan\alpha$로 놓아도 무방함 $R_g = 1,000\,G\tan\alpha$

2.5 곡선저항(Curve Resistance)

곡선저항이란?	· 차량 곡선주행 시 발생하는 주행저항을 제외한 마찰에 의한 저항을 곡선저항으로 정의 · 차량이 곡선부 통과 시 원심력에 의해서 차륜플랜지가 레일에 횡압을 가하게 되고 이때 차륜답면과 레일과의 접촉면에서 회전마찰 발생 · 내외 측 레일길이 차이에 의한 마찰저항 발생 · 고정축거로 인해 차축이 차륜플랜지와 레일 간의 마찰 발생

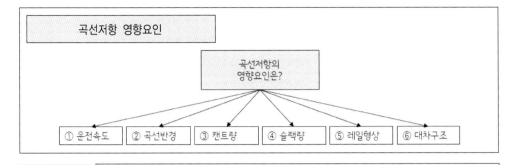

곡선저항 산정식	① 모리슨의 실험식 적용: 4축 2대차식 ② 산정식 $$Rc = \frac{1000 \cdot f(G+L)}{R} = \frac{1000 \times 0.2 \times (1.435 + 2.2)}{R}$$ $$= \frac{727}{R} \fallingdotseq \frac{700}{R}$$ 여기서, Rc: 곡선저항(kg/ton) f: 차륜과 레일 간 마찰계수(0.15~0.25, f=0.2) G: 궤간 L: 고정축거(평균고정축거 2.2m) R: 곡선반경(r)

2.6 총 저항(기본저항+공기저항+경사저항)

총 저항은?	$$R = R_o + R_a + R_g$$ 여기서 $R=$총저항 $\quad\quad R_o=$기본저항 $\quad\quad R_a=$공기저항 $\quad\quad R_g=$경사저항 대중교통수단의 총 저항은 $$R^h = \left(c_1^h + 10i + c_2^h V\right)G + c_a^h A V_r^2$$ 열차의 총 저항은 $R^r = \left(c_1^r + \dfrac{c_3^r}{p} + 10i + c_2^r V\right)G + c_a^r A V_r^2$

2.7 출발저항

출발저항이란?	정지하고 있는 열차가 선로를 주행하기 시작할 때에 차륜의 회전 기동에 있어 차륜 답면, 차축의 베어링부, 구동장치의 전동부 등에서 발생되는 마찰저항이 주된 것이며 약간 저항이 큼

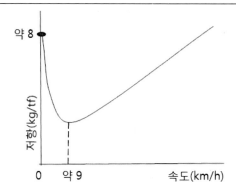

2.8 주행저항

주행저항이란?	평탄한 직선선로를 무풍 시에 등속도로 주행할 때의 저항임

$$R = A + BV + CV^2$$

여기서, R: 주행저항(kgf/tf)

　　　　V: 운전속도(km/h)

　　　　A, B, C: 실험으로 결정되는 계수

2.9 기울기저항

기울기저항이란?	기울기상의 선로를 주행하는 차량에는 차량의 중량이 기울기 방향으로 분력의 저항이 작용하게 됨 다만, 상기울기인 때는 감속력으로 작용하고, 하기울기인 때는 가속력으로 작용함

$$R_i\,[kgf] = W[tf] \circ \sin\alpha \circ 1,000 = W \circ (i/1,000) \circ 1,000 = W \circ i$$

- 이 식에서 기울기저항은 주행저항에 비하여 대단히 큰 것을 알 수 있음
- 기울기 10‰에 대한 기울기저항 약 $100N/t$은 재래선의 130km/h 속도의 주행저항에 해당함

2.10 가속저항

가속저항이란?	가속에 요하는 힘을 가속저항이라고 함

가속저항 $F = 277.8\,\alpha M (단위\,N)$

여기서, α: 가속도(km/h/s), M: 차량의 질량(t)
즉, 통근 전차 등의 가속도 2km/h/s의 가속저항은 약 60‰의 급구배에 해당할 정도로 대단히 큼

2.11 추진력

추진력이란?	추진력은 저항력을 극복하고 차량을 가속시키기 위한 원동력을 말함 차륜과 궤도와의 마찰력에 의해 추진력을 얻음

1) 내부연소엔진(Internal Combustion Engine)

모터속도 n(회전/분, rpm)에 대한 동력 P(HP), 회전우력(비트는 힘), T_q(N · m), 연료소모량 q(g/(HP · h))
의 관계를 함수로 나타내면 다음과 같음

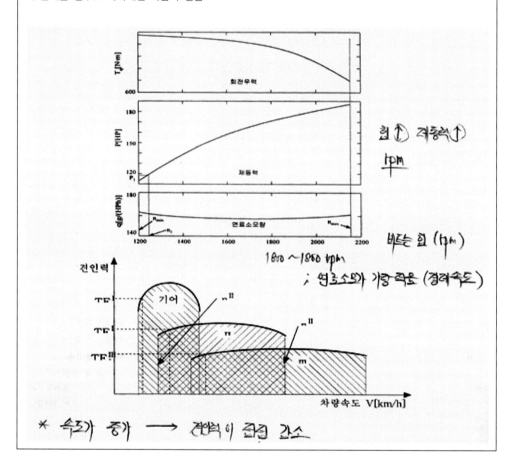

* 속도가 증가 ⟶ 견인력이 점점 감소

2) 속도-견인력 관계: TE=f(V)

제동력과 속력의 관계	제동력(motor brake power), P는 모터속도 n에 대한 함수관계가 성립 P=f(n)

속도(V)와 모터속도(n)와의 관계는?

속도(V)와 모터속도(n) 간의 상관관계를 다음의 식으로 정리할 수 있음

$$V = \frac{60nd\pi}{1,000ujw} = 0.06\frac{nd\pi}{ujw}$$

여기서, d=견인바퀴의 직경

u_j=변속률, 기어 j에 따라 차이

w=자동변환감소율

견인력(TE)과 제동력(P) 간의 관계

$$TE = 2650\,TE = 2,650\frac{P}{V}\eta$$

여기서, TE=견인력

P=제동력

V=속도

n=모터와 바퀴 사이의 손실계수(0.78~0.84)

견인력과 속도 간의 도식화 과정

TE=f(V) 관계를 도식화하려면 아래와 같은 4단계를 거치게 됨

① n의 작은 값을 택하여 P=f(n) P값을 찾음

② 각 기어에 대한 n값에 상응하는 속도(V)를 계산

③ P와 V의 각각의 값을 TE=2,650Pn/V 식에 대입하여 기어별 값(TEⅠ, TEⅡ, TEⅢ)을 구하고, 이 값들을 V-TE 그림에 정리

④ 기어별 최종적인 TE=f(V) 관계를 도식화

1. 철도차량은 어떤 힘에 의해 움직이는가?

2. 가속, 주행, 감속은 무엇이며 어떤 관계가 있는지 생각해 보자.

3. 철도차량과 중력의 관계를 그려서 설명해 보자.

4. 힘과 무게가 일정할 때 차량의 힘은 어떻게 변하는지 논해 보자.

5. 철도역 간 속도와 시간과의 관계를 그래프로 그려 생각해 보자.

6. 임계운행거리를 고려할 때 속도와 시간의 관계를 생각해 보자.

7. 스테이지시간은 무엇이며 산출식은 어떻게 되는지 논해 보자.

8. 비선형 가속이란 무엇인가?

9. 열차저항(Train Resistance)은 무엇인지 생각해 보자.

10. 열차저항의 종류는 어떤 것이 있을까?

11. 열차저항의 영향요인은 무엇인가?

12. 열차저항 감소방안을 단계별로 나누어 논해 보자.

13. 기본저항의 의미에 대해 설명하고 기본저항 산정식을 생각해 보자.

14. 총 차량저항의 산출식과 기본저항+공기저항 산출식과의 관계를 생각해 보자.

15. 저항력과 차량속도와의 관계는 어떻게 되는지 그래프를 그려 살펴보자.

16. 구배저항이란 무엇이며 대중교통 구배저항과 열차의 구배저항은 어떻게 다른지 논해 보자.

17. 곡선저항(Curve Resistance)은 무엇일까?

18. 곡선저항 영향요인에는 어떤 것이 있는지 논해 보자.

19. 곡선저항의 산정식은 어떻게 될까?

20. 열차의 저항력과 속도와의 관계에 대해 생각해 보고, 도식화하여 표현해 보자.

21. 추진력에 대해 설명하고 차량의 힘과 속도, 연료소모량과의 관계를 그래프를 그려 설명하여 보자.

22. 제동력과 속력의 관계는 어떻게 되는지 논해 보자.

제3부

철도선로(線路)

앉은 모노레일 (오스트레일리아, 시드니)

1장 / 선로의 곡선 및 선형

└전철화 (프랑스 스트라스부르크)

1. 철도선로는 무엇인가?

1.1 선로의 정의(Definition of Railway)

- 열차 또는 차량을 운행하기 위한 전용통로의 총칭으로 궤도를 포함한 필요시설을 설치해 놓은 길을 말함
- 기반과 도상을 직접 지지하는 노반(Roadbed)과 이에 부속된 선로구조물로 구성됨

항목		기준			비고
차량한계(폭×고)		3,200×4,750mm			
건축한계(폭×고)		3,600×5,150(5,500)mm 지하, (지상)			
최소 곡선 반경	구분	1호선	2호선	1, 2호선 외	
	정거장 외 본선	160(135)	180(140)	250(180)	( )부득이한 경우
	정거장 내 본선	400	400	400	
	측선	120(−)	120(−)	120(90)	( )부득이한 경우
	분기부대	145	145	150	
기울기 한도	정거장 밖 본선	35/1000 곡선인 경우 곡선보정기울기			
	정거장 안	3/1000 차량분리·연결 유치하는 경우			
		8/1000(10/1000) 이외의 경우			( )부득이한 경우
	측선	3/1000			
		45/1000 차량을 유치하지 않는 측선			
종곡선		기울기 변화 5/1000 초과의 경우 R3000m			
열차하중		차량의 축중 16ton 이하			

1.2 선로의 구조

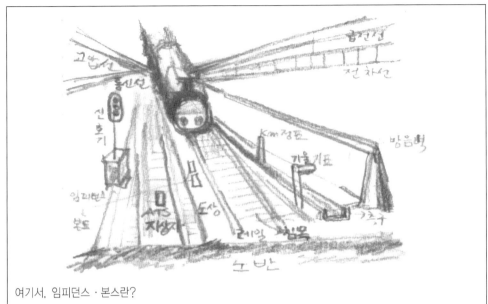

여기서, 임피던스 · 본스란?
· 전철화구간 궤도회로 경계지점에서 신호전류는 억제하고 전차선전류는 통과시키는 장치임

1.3 선로의 등급(Class of Roadway)

선로는 수송량과 열차속도에 따라 선로의 등급을 정하고 각 등급에 해당하는 선로구조로 설계하여 경제적이고 효율적인 건설과 유지보수를 하여야 함

· 철도건설규칙에서는 고속선 외 4등급으로 구분하여 고속선과 1급선, 2급선, 3급선, 4급선으로 구분하여 등급별 선로제원을 규정하고 있음

선로 등급	열차설계 속도 (km/h)	노반		선형			
		부담력	중심에서부터의 시공기면폭(m)	최급기울기		최소곡선반경	
				정거장 내(%)	본선(%)	정거장 전후(m)	본선(m)
고속선	350	H.L 25	4.5	본선2 (단, 차량을 해결하지 않는 곳)	25(30)	속도고려조정	5000
1급선	200	L−22	4.0		10(15)	600	2000
2급선	150	L−22	4.0		12.5(15)	400	1200
3급선	120	L−22	3.5		15(20)	300	800
4급선	70	L−22	3.0		25(30)	250	400

(   ) 내는 부득이한 경우

1.4 궤간(Gauge or Gage)

| 궤간이란? | · 궤간이란 한쪽 레일에서 마주보는 레일까지의 거리로서 궤도의 폭을 의미 |

- 궤간거리는 한쪽 레일의 꼭대기(맨 위)에서 바로 아래 14mm 지점에서 마주보는 레일의 꼭대기까지 내측거리를 말함
- 궤간의 치수는 1.435m가 표준궤간(Standard Gauge)으로 이보다 작은 것을 협궤(Narrow Gauge), 넓은 것을 광궤(Broad Gauge)라 함

광궤의 장점	협궤의 장점
· 고속도를 낼 수 있음 · 수송력을 증대시킬 수 있음 · 주행안전도 증대, 동요(動搖) 감소 · 차량설비 효율 증가, 수송효율 증대 · 차륜의 마모를 경감	· 건설비 및 유지비 저감 · 급곡선을 하여도 곡선저항이 적음 · 산악지대의 선로 선정에 용이

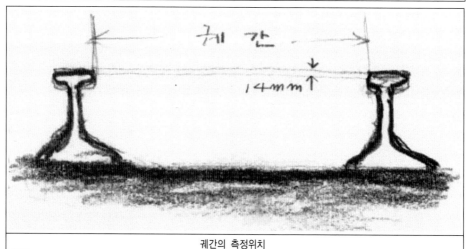

궤간의 측정위치

| 우리나라 철도의 궤간 |

① 한국의 철도노선은 표준궤간으로 구성되어 있음
② 수원-인천 송도 간 철도는 궤간 762mm의 협궤로서 1937년 3월 일제가 인천항을 통해 소금을 일본으로 가져가기 위해 52.8km를 건설하였음
③ 수인선은 복선전철화 사업에 따라 1994년 9월 1일 인천 송도-안산 한양대역 간 26.9km가 폐선되었고, 1995년 수원-한양대역 간 20km가 추가로 폐선됨

2. 곡선(Curve)

곡선이란?	· 선로는 가능한 한 직선이어야 하나 지형 및 지장물 등으로 방향을 전환하는 곳에 곡선을 삽입하게 됨. 이때 직선이 아닌 굽은 선로를 의미함

① 열차가 직선구간의 속도대로 곡선구간을 지나가게 되면 원심력이 작용하여 탈선하게 됨
② 곡선구간에서는 원심력을 고려하여 최고속도에 맞는 곡선반경이 필요함
③ 곡선반경은 열차운전 및 선로 보수상 가능하면 크면 좋음. 곡선반경이 크면 건설비 및 유지보수비가 증가하므로 선구의 역할에 따라 적정한 곡선반경을 적용하는 것이 바람직

2.1 곡선의 종류

철도의 곡선에는 원곡선, 복심곡선, 반향곡선, 완화곡선 등이 있으며, 우리나라에서는 단곡선과 완화곡선이 많이 사용되며, 기울기의 변화점에는 종곡선을 삽입하여 사용하고 있음

원곡선이란?

· 노선의 방향이나 경사가 변화하는 곳에 삽입되는 곡선의 하나로, 원호에 의한 곡선을 말함
· 일반적인 곡선을 의미하며, 흔히 단곡선(Simple Curve)으로도 볼 수 있음

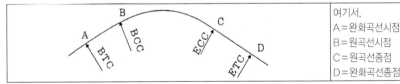

	여기서,
	A=완화곡선시점
	B=원곡선시점
	C=원곡선종점
	D=완화곡선종점

복심곡선이란?

· 곡선반경 도중 변경되는 곡선을 의미함
· 반지름이 서로 다른 두 개 이상의 곡선을 같은 방향으로 차례로 이은 곡선으로 곡선 삽입 시 곡선반경을 두 번 주어 선로의 안전성을 높임

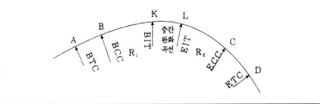

	여기서,
	A=완화곡선시점
	B=원곡선시점
	K=중간완화곡선시점
	L=중간완화곡선시점
	C=원곡선종점
	D=완화곡선종점

완화곡선의 형태

- 노선에 있어서 원곡선부와 직선부 사이에 설치되는 곡선으로, 차량이 직선부에서 곡선부로 갑자기 진입하면 원심력으로 인해 위험이 생기기 때문에 곡률 반경을 순차적으로 변화시켜 직선과 원곡선을 연속적으로 이은 곡선임
- 클로소이드(clothoid) · 3차 포물선 · 렘니스케이트(lemniscate) 등이 이용됨

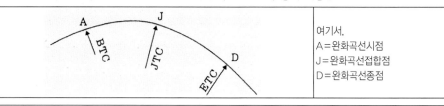

여기서,
A=완화곡선시점
J=완화곡선접합점
D=완화곡선종점

2.2 최소곡선반경(Minimum Radius of Curve)

- 차량이 곡선구간을 주행할 때 승객의 승차감과 차량의 주행안전성을 고려하여 설정함
- 최대캔트량($C_m = 160mm$), 부족캔트량($C_d = 100mm$: 고속철도 110mm)을 고려하여 궤간, 열차속도, 고정축거 등에 따라 최소곡선반경을 결정함

곡선부의 크기와 반경

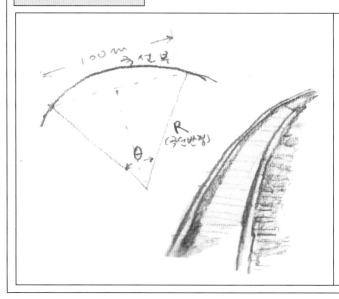

- 철도의 곡선은 다양하기 때문에 그에 맞는 곡선반경을 설정하여 설계하여야 함
- 가급적 직선을 삽입하는 것이 좋으나, 지형 및 지장물의 영향으로 곡선을 삽입하여야 할 경우가 많음
- 급격한 곡선을 삽입 시 열차의 탈선이 있을 수 있으므로 신중히 설계하여야 함

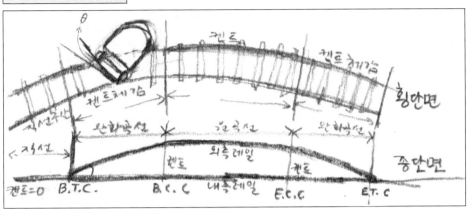

곡선의 형태 및 구조

최소곡선반경 산정식	$C = 11.8\dfrac{V^2}{R} \Rightarrow R = 11.8\dfrac{V}{C^2} = 11.8\dfrac{V^2}{(C_m + C_d)}$

여기서, C_m =최대캔트량(160mm)

$\qquad C_d$ = 부족캔트량(100mm, 고속철도의 경우 110mm)

등급별 최소곡선반경

① $V_{고속선} = 350\text{km/h}, \ R_{고속} = 11.8\dfrac{350^2}{160+110} = 5,560 ≒ 5,000m$

② $V_{1급선} = 200km/h, R_1 = 11.8\dfrac{200^2}{160+100} = 1,815 ≒ 2,000m$

③ $V_{2급선} = 150km/h, R_2 = 11.8\dfrac{150^2}{160+100} = 1,162 ≒ 1,200m$

④ $V_{3급선} = 120km/h, R_3 = 11.8\dfrac{120^2}{160+100} = 654 ≒ 800m$

⑤ $V_{4급선} = 70km/h, R_4 = 11.8\dfrac{70^2}{160+100} = 222 ≒ 400m$

선로등급	정거장 외의 본선(m)	정거장 전후 구간(m)	비고
고속선	5,000	속도 고려 조정	전동차 전용선은 선로등급에 관계없이 250m
1급선	2,000	600	
2급선	1,200	400	
3급선	800	300	
4급선	400	250	

2.3 완화곡선(Transition Curve)

완화곡선의 개요

① 곡선부
- 곡선부에서는 원심력으로 인해 열차가 외측레일 쪽으로 횡압을 받아 전도할 위험이 있어서 캔트량만큼 외측레일을 들어올려 전도를 방지하게 됨
- 캔트설치 이유 → 원심력과 차량중량의 합이 궤간 내에 작용하도록 함

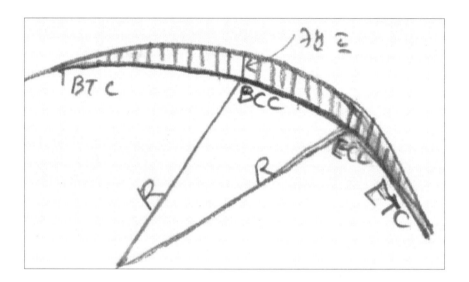

② 직선부
- 직선부에서는 캔트를 설치할 필요 없음
- 곡선과 직선선형이 만나는 구간에는 충격을 완화시키기 위한 곡선을 설치하여 열차가 부드럽게 운행되도록 함
- 곡선과 직선의 연결부에서는 캔트, 즉 경사를 서서히 감소시키는 체감구간이 필요함 → 체감구간＝완화곡선

왜 완화곡선을 설치하는가?

① 3점 지지에 의한 탈선의 위험 제거
② 캔트, 캔트부족량을 서서히 들어올려 승차감 향상
③ 차량운동의 급변을 방지하고, 원활한 주행유도
④ 궤도의 파괴를 경감시켜줌
⑤ Slack의 체감을 부드럽고 유연하게 하기 위함

완화곡선의 설치기준은?

선로등급	곡선반경(m)	캔트 변화량에 대한 배수	부족캔트 변화량에 대한 배수
고속선	12,000	2.5	2.2
1급선	5,000	1.5	1.3
2급선	2,500	1.1	1.0
3급선	1,500	0.9	0.75
4급선	600	0.6	0.45

Tip	한국철도공사에서는 선로등급에 따라 완화곡선을 삽입 시 위와 같이 캔트량의 배수 이상으로 하도록 규정하고 있음

완화곡선의 종류

① 3차 포물선($y = ax^3$: 일반철도, 고속철도 사용)	직선체감: 곡률과 캔트의 직선체감
② 클로소이드 곡선(clothoid curve)(지하철과 도로에서 사용): 곡률이 곡선에 비례하여 체감(지하철)	
③ 렘니스케이드 곡선(lemniscate spiral): 곡률이 장현에 비례하여 직선체감	
④ 4차 포물선, 3차 나선, AREA 나선 등	원활체감: 곡률과 캔트의 곡선체감, 외국 고속운전 선로에 사용
⑤ 사인 반 파장(sin 저감곡선)	

사용 중인 완화곡선

① 우리나라 → 3차포물선: 직선체감 원리 적용
② 일본 → 사인(Sine) 반 파장 완화곡선: 곡선체감 원리 적용

3차 포물선의 이해

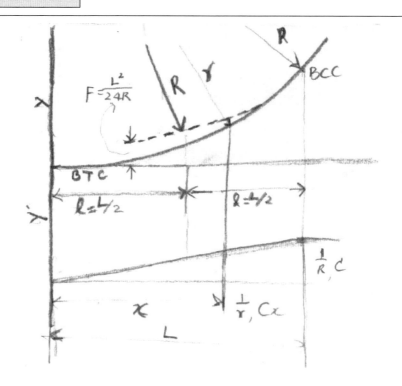

- 3차포물선은 그림에서처럼 → 반경 R의 곡선에 삽입하는 곡선임
- 좌표 X, Y

$$\frac{d^2y}{dx^2} = \frac{1}{r} = \frac{x}{LR}$$

여기서, x, y =좌표
완화곡선종단 l =곡선반경 R
완화곡선종단 x =곡선반경 r

이 식을 $x=0$에 있어서 $\frac{d^2y}{dx^2}=0$, $x=L$에 대한 $\frac{d^2y}{dx^2}=\frac{1}{R}$에 있어서 풀면 → 3차 포물선을 얻음

$$y = \frac{x^3}{6RL}$$

- 곡률산정은 $\dfrac{1}{r} = \dfrac{1}{R} \times \dfrac{x}{L}$

- 캔트산정은 $C_x = C \times \dfrac{x}{L}$

3차포물선의 완화곡선에서는 완화곡선을 원곡선의 내방으로 다음의 양만큼 이정(Shift)시킴

$$F = \frac{L^2}{24R}$$

> ### 완화곡선의 산정
>
> ① 완화곡선장의 산정
> - 차량의 3점지지 현상 시, 차륜 Flange의 최소높이 25mm가 부상하여도 탈선하지 않는 기울기의 캔트 체감거리는 다음과 같음
> - 고정축거 5.35m, Flange의 탈선한도 $f = 25 - 9 = 16mm$
>
> $$f = \frac{1}{n} = \frac{16mm}{5.35m} = \frac{1}{334} \fallingdotseq \frac{1}{350} \quad \therefore \ 350배 \ 이상$$
>
> - 열차의 주행 시 속도에 따라 초당 $1\frac{1}{4}''$씩 높이로 변화할 경우(Area기준) → 캔트의 시간적 변화율
>
> $$1\frac{1}{4}'' = 3.175cm/\sec = 0.1143km/hr$$
>
> $$\frac{C}{L} = \frac{0.1143}{V}$$
>
> $$L = 8.75\,VC$$
>
> - 완화곡선의 길이 L은 캔트의 8.75V배이므로 선로등급별 최고속도를 대입하면
>   - 1급선: $8.75 \times 200C = 1,700C$
>   - 2급선: $8.75 \times 150C = 1,300C$
>   - 3급선: $8.75 \times 120C = 1,000C$
>   - 4급선: $8.75 \times 70C = 600C$
>
> ② 부족캔트량의 시간적 변화율에 따른 한도
>
> $$C_m' = \frac{C'}{L} \times \frac{V}{3.6}, \qquad L = \frac{V}{3.6} \times \frac{C'}{C_m'}$$
>
> ③ 곡선 간의 직선삽입(캔트 체감 후): $L = V \times \dfrac{t}{3.6}$
>
> ④ 곡선저항: $R_c = \dfrac{K}{R}(R = 600)$

2.4 제동곡선

> - 제동은 열차가 가진 운동에너지를 제륜자와 제륜 간 마찰력에 의해 열에너지로 변화시키는 과정
> - 운동에너지에서 열에너지로 변환은 기관사가 제동을 시작하여 열차가 정지하기까지 사이에 일어나며 이때 주행한 거리를 제동거리라 함

- 제동 감속도별로 제동거리, 열차속도, 제동시간을 표시한 것이 제동곡선임
- 제동속도가 일정할 때 다음과 같은 관계식이 정립됨

$$t = \frac{s}{v}, \ s = v \cdot \frac{t}{d}$$

여기서, t=제동시간(sec), d=감속도(h/s), v=제동초속도(km/h), s=제동거리(m)

2.5 반향곡선(Reverse Curve)

반향곡선이란 무엇인가?

- 반경이 다른 2개의 단심곡선이 그 접속점에 있어서 공통접선을 가지면서, 양곡선의 중심이 접선의 양 쪽에 있는 곡선임. 방향곡선을 설치하면 열차운행이 어렵고 승객승차감이 저하되므로 불가피한 경우에만 사용함

반향곡선의 형태

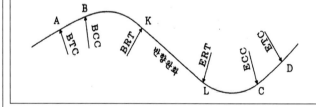

여기서
A=완화곡선시점
B=원곡선시점
K=반향완화곡선시점
L=반향완화곡선시점
C=원곡선종점
D=완화곡선종점

반향곡선 설정 시 고려사항

- 차량이 곡선에서 직선으로 또는 직선에서 곡선으로 주행할 때 생기는 차량의 동요를 방지하고 원활한 주행을 위해 두 곡선 사이에 차량의 고유진동주기를 고려하여 곡선을 삽입하게 됨
- 본선에서 반대방향의 곡선이 있는 경우 그 완화곡선 사이에 가장 긴 차량길이의 1 차량 분 이상의 직선을 삽입하는 것이 좋음

① 기관차: 1.3초, ② 객화차: 1.5초, ③ 신간선: 1.5초, ④ ICE: 1.8초
→ 안전을 고려하여 고유진동주기를 1.8초로 보아 원곡선의 길이를 구함

곡선 사이의 직선길이 산정방법은?

$V = \dfrac{L}{T}$에서, $L = V(km/h) \times \dfrac{T(\sec)}{3.6}$ 이므로 $L = 1.8 \times \dfrac{V}{3.6} = 0.5V$가 됨

구분	직선길이(m)
고속선	0.5×350=180
1급선	0.5×200=100
2급선	0.5×150=80
3급선	0.5×120=60
4급선	0.5×70=40

· 여기서, 본선에 있어서 인접한 두 곡선이 있는 경우에는 각 곡선에 대한 캔트를 체감한 후 두 곡선 사이에 선로의 등급에 따라 직선을 삽입하는 것이 좋음
· 규정에 의한 길이의 직선을 둘 수 없는 경우에는 4급선에 한하여 원의 중심이 2개인 같은 방향으로 연속된 곡선(복심곡선)으로 할 수 있음

$\left| \dfrac{R_1 \times R_2}{R_1 - R_2} \right| \geq 1,200$ 여기서, R_1 및 R_2 : 인접한 곡선의 반경(m)

· 또한, 분기기에 연속되는 경우에는 위의 규정에 의하지 아니하고 삽입할 수 있음

2.6 곡선보정

· 기울기 구간 내에 곡선이 있는 경우 열차에 곡선저항이 가산되므로 곡선저항과 동등한 기울기량만큼 최급기울기를 완화시켜야 함
· 이와 같이 환산기울기량만큼 기울기를 보정한 것을 곡선보정이라 함

곡선보정의 종류	· 환산기울기: 곡선저항을 기울기로 환산한 기울기(Equivalent Grade) · 보정기울기: 실제기울기에서 환산기울기량만큼 차인한 기울기

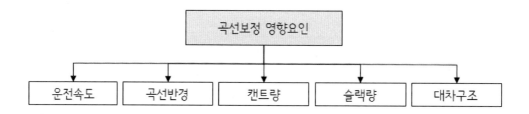

곡선보정의 영향요인은?

곡선보정 영향요인

| 운전속도 | 곡선반경 | 캔트량 | 슬랙량 | 대차구조 |

예제   R＝350m 곡선을 최급기울기 35%인 전동차 전용선로에 설치할 경우 곡선보정 산정식을 이용하여 산정함

① 곡선반경 700m 이하의 본선기울기 구간에서 보정함
② 보정한 기울기는 최급기울기를 초과하지 않도록 함

풀이

- 환산기울기: $Gc = \dfrac{700}{R} = \dfrac{700}{350} = 2$, 여기서 $Rc = i$이므로 $i = 2\%$
- 보정기울기: 35%–2%＝33%

  따라서 분 구간에는 기울기를 33% 이하로 제한되어야 함

3. 철도선형

3.1 운전선도

1) 운전선도란 무엇인가?

- 열차의 운전상태, 운전속도, 운전시분, 주행시분, 주행거리, 전기 소비량 등의 상호관계를 열차주행에 수반하여 변화하는 상태를 역학적으로 도시한 것임
- 주로 열차운전계획에 사용하여 신선개설, 전철화, 동력 차종변경, 노선의 보수 및 개량 시 역간 운전시분을 설정하여 열차운전에 무리가 없도록 하는 것을 의미함

2) 열차운전방식에는 어떤 것이 있을까?

3) 운전곡선의 특징

- 운전곡선은 열차저항에 의한 속도변화, 기울기, 곡선, 포인트 통과 시 등의 제한속도가 표시되어 있어, 실제로 열차가 주행하는 것과 같이 그래프 상태로 운전상태를 확인할 수 있음
- A역 출발 → 역행 → 타행 → 제동 → B역 → 타행(속도제한구간) → 역행 → 타행 → 제동 → C역 도착
- 그래프를 좌에서 우로 읽어 가면 특정지점에서의 열차속도와 그 지점까지의 소요시간을 아는 것이 가능해짐

3.2 평면선형의 곡선

1) 평면선형의 곡선이란?

- 지형과 장애물 등으로 방향을 전환하는 지점에서 곡선을 삽입하여 차량이 일정한 속도로 원활하게 주행할 수 있도록 곡선을 삽입함

2) 평면선형의 곡선식

① 곡선은 보통 원곡선을 사용하며 일반적으로 궤도중심 곡선반경 R로 표시
② 미국에서는 곡선도(Degree of Curve), 즉 100ft의 현으로 형성되는 중심각 $\theta\,^\circ$ 로 표시

$$R\sin\frac{\theta}{2} = 50ft \text{에서 } R = 50\cos ec\frac{\theta}{2}(ft)$$

$$R = 15.24\cos ec\frac{\theta}{2}(m)$$

이때, 고려할 사항은 다음과 같음
- 곡선반경은 운전 및 선로 보수상 가능한 크면 좋지만 건설비가 증가되므로 선구의 역할에 따라 곡선반경을 설정
- 최소곡선반경은 궤간, 열차속도, 차량의 고정축거 등에 따라 결정함

3) 평면곡선의 특성

① 원곡선(단곡선: Simple Curve): 경제성을 고려한 경제적인 곡선반경 사용
② 완화곡선(Transition Curve): 직선과 곡선 사이에 완만한 곡률의 곡선
- 직선체감: 3차포물선, 클로소이드 곡선, 렘니스케이드 곡선
- 원활체감: 곡률과 캔트의 곡선체감

③ 반향곡선(Transition Curve): 방향이 반대인 두 곡선이 만나는 곡선
④ 복심곡선(Transition Curve): 방향이 같은 두 개의 곡선이 만나는 곡선
- 곡선 사이 직선거리 확보가 어려울 경우 성립조건

$$\frac{R_1 \times R_2}{R_1 + R_2} \geq 1,200$$

- 4급선(70km 이하)의 경우에만 직선구간 없이 연속될 수 있음

4) 종곡선의 특성

- 선로의 기울기 변화점에서는 통과열차 전·후에 인장력과 압축력이 작용
- 볼록기울기에서 차량부상에 의한 탈선 위험
- 오목기울기에서 연결부 손상 및 부담력 증가로 궤도파괴의 우려
- 수직가속도 증가에 따른 승차감 불량해소를 위하여 기울기 변화점에는 종곡선을 삽입하여야 함

5) 선로선형 시 주요사항

① 노선 선정 시 가능한 한 곡선 수를 줄이고 직선화율이 큰 노선으로의 계획해야하며 주행안전성과 승차감을 위하여 곡선 간 직선을 삽입하여야 함
② 완화곡선은 속도향상과 선로개량 측면에서 완화곡선의 연신도를 고려하여야 하며 종곡선은 선로유지보수 등을 고려하여 동일곡선을 사용함
③ 곡선부는 직선부와 달리 열차의 속도를 제한하는 구간이므로 초기투자비가 다소 많이 들더라도 건설 후의 운영비 및 속도제한 등을 감안할 때 선로의 곡선반경을 가능한 한 크게(최소 1,200~2,000m) 계획해야 함

1. 선로란 무엇인지 설명하여 보자.

2. 선로의 구조는 어떻게 되는지 그려 보자.

3. 선로의 등급별 제원이 어떻게 되는지 표를 통해 그려 보자.

4. 궤간(Gauge)의 개념과 종류에 대해 논해 보자.

5. 우리나라의 표준궤간의 크기와 분류에 대해 생각해 보자.

6. 광궤와 협궤의 차이에 대해 논해 보자.

7. 곡선(Curve)의 정의와 종류에 대해 논해 보자.

8. 곡선을 삽입하는 이유는 무엇일까?

9. 최소곡선반경(Minimum Radius of Curve)은 무엇인지 논해 보자.

10. 곡선과 캔트와의 관계에 대해 생각해 보자.

11. 최소곡선반경의 산정식에 대해 생각해보고 등급별 최소곡선반경에 대해 산정해 보자.

12. 완화곡선(Transition Curve)의 정의와 설치하는 이유에 대해 생각해 보자.

13. 완화곡선 삽입 시 캔트변화량과 부족캔트량에 대해 생각해 보자.

14. 완화곡선의 종류에는 어떤 것이 있으며, 건설 시 언제 사용되는지에 대해 생각해 보자.

15. 제동곡선과 반향곡선의 정의에 대해 논해 보자.

16. 곡선 삽입 시 곡선과 곡선 사이의 직선길이는 어떻게 산정하는지 논해 보자.

17. 곡선 삽입 시 곡선보정을 하는 이유에 대해 생각해 보자.

18. 곡선보정 시 영향요인은 어떤 것들이 있는지 논해 보자.

19. 운전선도란 무엇인지에 대해 논해 보자.

20. 열차의 주행모드와 운전선도와의 관계는 어떤지에 대해 생각해 보자.

21. 운전곡선의 특징은 무엇일까?

22. 선로 선형 시 주요 고려사항은 어떤 것이 있는지 생각해 보자.

2장 / 기울기와 선로구조

자기부상열차 (우리나라 대전
시험중)

1. 기울기

1.1 기울기란 무엇인가?

1) 선로의 기울기

- 곡선을 삽입 시 선로의 기울기 변화를 통해 차량의 원활한 주행을 도모할 수 있음

① 선로의 직선화는 토공량이 많아지고 장대터널을 필요로 하기 때문에 건설비가 과다함
② 우리나라와 같은 산악지대가 많은 지형에서는 기울기가 높아짐
③ 특히, 10%보다 완만한 기울기는 기관차의 견인력에 큰 영향을 주지 않으며 배수를 위해서도 필요하기 때문에 적정한 기울기가 삽입되어야 함

---

2) 기울기는 왜 필요한가?

---

① 철도선로에는 경사가 발생하는 구간에 기울기를 설치해야 함
② 기울기가 크면 열차의 주행성능 등 수송효율이 저하됨
③ 기울기는 고저차이와 수평거리와의 비율로 표현됨
④ 단위는 천분율(‰)을 사용함

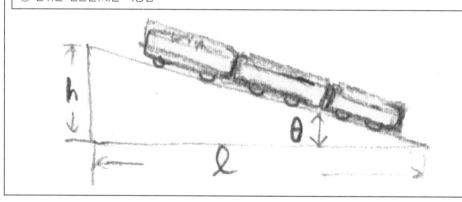

---

3) 선로의 기울기가 주는 영향요인

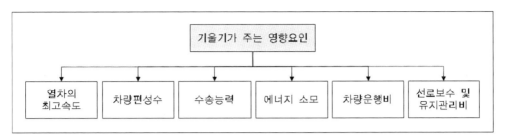

4) 선로기울기의 종류

최급기울기 (Maximum Grade)	열차운전구간 중 가장 물매가 심한 기울기로서 일반적으로는 선로등급별로 기울기의 최급한도의 기울기를 말함
제한기울기 (Ruling Grade)	기관차의 견인정수를 제한하는 기울기로 반드시 최급기울기와 일치하지 않음. 견인정수에 상당하는 중량을 견인하여 주행하는 경우 견인력과 열차저항이 소정의 균형속도에 달하여 평형을 이루고 규형속도 이상으로 되지 않는 기울기
타력기울기 (Momentum Grade)	제한기울기보다 심한 기울기라도 연장이 짧으면 열차의 주행타력으로 통과할 수 있는 기울기
표준기울기 (Standard Grade)	열차운전 계획상 정거장 사이마다 사정된 기울기로서 임의 1km 구간 중 가장 급한 기울기로 사정
가상기울기 (Virtual Grade)	기울기선을 운행하는 열차의 속도 Head의 변화를 기울기로 환산하여 실제기울기에 대수적으로 가산한 기울기 → 열차운전시분에 적용

5) 기울기에서의 속도제한

- 상기울기와는 달리 하기울기에서는 차량제동기 및 연결기의 고장 시 대형사고 우려가 있어 열차운행속도를 제한하게 됨
- 한국철도공사 '열차운전시행세칙'에는 기울기별, 열차종별로 세분화하여 하기울기에서의 속도를 제한하고 있는데, 23~27‰ 하기울기 구간을 운행하는 화물열차의 경우 55km/h로 운행해야 함

6) 선로기울기의 크기는 어떻게 될까?

① 본선

선로등급	본선	정거장 전후 부득이한 경우
고속선	25	30
1급선	10	15
2급선	12.5	15
3급선	15	20
4급선	25	30

② 전동차 전용선인 경우

• 선로의 등급에 관계없이 $\dfrac{35}{1,000}$

③ 곡선반경 700m 이하의 곡선인 본선의 기울기

• $G_c = \dfrac{700}{R}$ 만큼 뺀 기울기 이하

④ 정거장 내: $\dfrac{2}{1,000}$ 이하

⑤ 전기차 전용선로: $\dfrac{10}{1,000}$

⑥ 그 외의 선로: $\dfrac{8}{1,000}$

⑦ 차량을 유치하지 아니하는 측선: $\dfrac{35}{1,000}$

⑧ 같은 기울기의 선로길이는 1개 열차길이 이상

7) 선형 선정 시 기울기와의 관계

- 열차의 속도 및 견인력에 관계되므로 선로의 수송능력에 크게 영향을 미침
- 제한기울기 및 지형과 건설비, 운전비 등을 고려하여 기울기를 결정하여야 함

① 제한기울기
- 균형속도를 유지할 수 있고 기관차의 견인정수를 제한하는 기울기이므로 전 구간에 걸쳐 일관된 취지 하에 결정하여야 함
- 수송량과 사용 기관차의 견인력을 고려하여 결정
- 곡선저항 및 터널 내의 공기저항도 감안하여 환산한 환산기울기를 가산한 보정기울기를 제한기울기 결정 시 고려하여야 함

② 기울기의 변화와 길이
- 1개 열차가 3개 이상의 기울기에 걸치는 것은 좋지 않음
- 동일기울기의 길이는 보통 3km 이하, 부득이한 경우 5km 정도, 전차운전구간 7~10km(온도상승, 연속정격 속도의 유지, 타력운전 때문)

③ 터널 내의 기울기
- 제한기울기(보통 취급기울기라고 생각하면 됨)보다 10% 정도 완만한 기울기로 해야 하며, 보통 배수 · 환기 목적으로 3% 기울기를 둠

④ 교량상의 기울기
- 급기울기는 자제하고 기울기변경점을 두지 말아야 하며 특히 하향급기울기 중에 기울기 변경점은 대단히 불리함

1.2 캔트(Cant)

1) 캔트란 무엇인가?

- 열차가 곡선을 지날 때 외측으로 작용하는 힘, 즉 원심력으로 인해 차량전복, 열차저항증가, 승객 승차 감 저하 등의 문제가 생겨남
- 차량이 중량과 횡압이 외측레일에 부담을 주어 궤도 보수비 증가 등 악영향이 발생
- 이러한 악영향을 방지하기 위하여 내측레일을 기준으로 외측레일을 높게 부설하는데 이를 캔트(Cant) 라 함 (즉, 내측레일과 외측레일과의 높이차를 캔트량이라 함)
- 분기기에서는 좌우 레일이 같은 침목에 고정되어 있으므로 분기기에 연속되는 경우에는 캔트를 설치할 수 없음

2) 이론캔트

- 이론캔트는 평형캔트, 균형캔트라고도 불림
- 캔트는 선로의 곡선반경과 곡선구간을 주행하는 열차의 속도에 따라 결정

$$C_o = \frac{1{,}500 \cdot V^2}{127 \cdot R} = 11.8\frac{V^2}{R}$$

여기서, $C_0 =$ 이론캔트

$V =$ 속도

$R =$ 곡선반경

- 이 식이 캔트의 이론공식이며, 이 식으로 산출한 캔트를 "이론캔트(평형캔트)"라 함

3) 설정캔트

$$C = 11.8\frac{V^2}{R} - Cd$$

여기서, $C =$ 설정캔트

$V =$ 속도

$R =$ 곡선반경

$Cd =$ 조정량

- 우리나라의 철도는 여객전용선이나 화물전용선이 별도로 없어 여객열차, 화물열차 및 전동열차가 혼용 운행하고 있으므로 유지보수 관리 시에는 이를 고려한 적정한 캔트로 설정하여야 하며, 이때 적정한 캔트를 "설정캔트"라고 함
- 설계속도를 고려한 최대 설정캔트량은 자갈궤도 160mm, 콘크리트궤도 180mm

4) 곡선부가 주는 악영향

- 열차가 바깥쪽으로 전복(Overturn) 가능성 있음
- 원심력으로 인해 외측레일에 큰 윤하중에 의해 횡압이 생김
- 승객의 신체가 외측으로 쏠리게 되어 승차감이 저하됨
- 열차의 저항이 증가됨

5) 캔트설치의 효과

- 위와 같은 악영향을 막기 위해 외측레일을 내측레일보다 높게 함
- 캔트가 설치됨으로써 차량중심에 작용하는 원심력과 중력과의 합력작용이 궤도중심에 떨어지도록 함

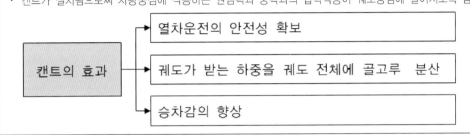

6) 캔트의 작용원리

- 위 그림에서처럼 W(차량중량)와 F(원심력)의 P(합력)가 궤간 내에 들어가야 함
- 외궤와 내궤 레일면의 고저차를 캔트라고 함
- 표준궤간에서는 내외 레일의 중심 간 거리 1,500mm에 대한 고저차를 캔트량으로 정하고 있음

7) 캔트산정

- W(차량중량)과 원심력(f)의 R(합력)에 의해 → 궤도면에 평행함 → 횡가속도

  즉, $MR = P$임

- 열차속도 $v = \dfrac{v}{3.6}(m/s)$

- 중력가속도 $g = 9.80(m/s^2)$

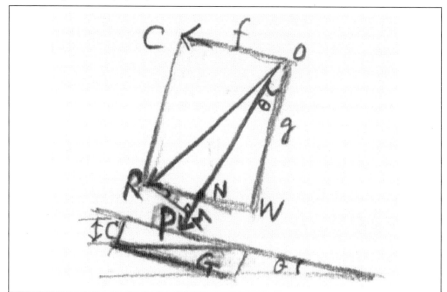

- 원심가속도 $f = \dfrac{v^2}{R} = \dfrac{1}{R} = (\dfrac{V}{3.6})^2 = \dfrac{V^2}{13R}(m/s^2)$

- $\overline{WN} = g\tan\theta$ 이므로

$$\overline{NR} = f - \overline{WN} = \dfrac{V^2}{13R} - g\tan\theta = \overline{MR} = \overline{NR}\cos\theta$$

$$\overline{MR} = (\dfrac{V^2}{13R} - g\tan\theta)\cos\theta \text{ 로 됨}$$

- 여기서, θ는 작으므로 $\tan\theta ≒ \sin\theta, \cos\theta ≒ 1$ 로 놓으면 → $\sin\theta = \dfrac{C}{G}$

$$p = \overline{MR} = \dfrac{V^2}{13R} - \dfrac{C}{G} \cdot g(m/s^2)$$

p = 차량, 승객에 대해 횡방향 가속도로서 수평한 상태의 차량에 비해 $a = \dfrac{P}{g}$ 의 경사면에 위치한 것과 같은 작용을 받음

8) 캔트부족(Cant Deficiency)

① 고속 및 저속의 열차가 통과하는 곡선에서는 속도의 자승으로 그 속도에 맞는 캔트량을 구하기 때문에 고속열차는 캔트가 부족하고 저속열차는 캔트가 남게 됨. 이때 고속열차의 부족한 캔트량을 '부족캔트'라 함
② 열차의 평균속도와 고속열차의 최고속도와의 차이가 현저한 경우 → 그 균형캔트($C_{\max}$)에서 일정한 캔트부족량을 공제한 설정캔트로 하는 경우도 있음
③ 설계속도를 고려한 최대 부족캔트량을 자갈궤도 100mm, 콘크리트궤도 110m이나, 선로를 고속화하는 경우에는 최대 부족캔트를 120mm까지 할 수 있음

9) 균형캔트(Balance Cant)

• 열차주행 시 속도에 대하여 횡방향 원심력 또는 구심력이 발생하지 않도록 설정한 곡선부의 캔트

균형캔트 계산식

① 균형캔트는 차량에 작용하는 중력과 원심력 사이의 균형에 의해 산출됨
② 기본식

$$C = GV^2 / Rg$$

기본식에서 중력가속도 등 단위를 정리하면 아래 식을 얻음

$$C = GV^2 / 127R$$

여기서, C=캔트(mm)
$\qquad G$=궤간(mm)
$\qquad V$=설정속도(km/h)
$\qquad R$=곡선반경(m)
$\qquad g$= 중력가속도(9.8m/sec)

속도와 캔트와의 관계

① 속도와 캔트의 관계
- 균형캔트 설정 시 속도보다 높은 속도의 열차 → P(+) → 외방향으로 횡방향 가속도 작용
- 균형캔트 설정 시 속도보다 낮은 속도의 열차 → P(−) → 내방향으로 횡방향 가속도 작용

② 평균속도 산정법
- 제곱 평균법에 의한 평균속도의 산정방법은 다음 식과 같음

$$V_0 = \sqrt{\dfrac{\sum\limits_{i=1}^{n} N_i \cdot V_i^2}{\sum\limits_{i=1}^{n} N_i}}$$

여기서, V_0 =평균속도(km/h)

N_i =열차종별 열차 수

V_i =열차종별 속도(km/h)

10) 최대캔트

- 차량이 내측으로 전도되지 않도록 충분히 안전하게 하고, 차체의 경사에 의하여 승객에게 불쾌감을 주지 않도록 캔트량의 한도를 설정하는데 이를 '최대캔트'라 함
- 캔트가 붙어 있는 곡선에 차량이 정지한 경우 혹은 곡선을 극히 저속으로 주행하는 경우 → 균형캔트가 0 이므로 → 설정캔트가 그대로 캔트 과대량으로 됨

캔트량의 한도 설정이유

① 곡선 외측으로부터의 바람에 의하여 차량이 내측으로 전도되지 않도록 충분히 안전하게 할 것을 고려해야 함
② 차체의 경사에 의하여 승객에게 불쾌감을 주지 않아야 하는 것을 고려해야 함
③ 고속선의 경우 최대캔트량은 180mm 이하로 설정하여야 함
④ 1~4급선의 경우 160mm 이하로 캔트량을 설정하여야 함
⑤ 선로전환기에 연속되는 경우에는 캔트를 두지 않도록 규정하고 있음

$$C = 11.8 \times \frac{V^2}{R} - C'$$

여기서, C= 설정캔트(mm)

V=열차최고속도(km/h)

R=곡선반경(m)

C'=부족캔트(0~100mm, 다만 고속선의 경우 0~110mm)

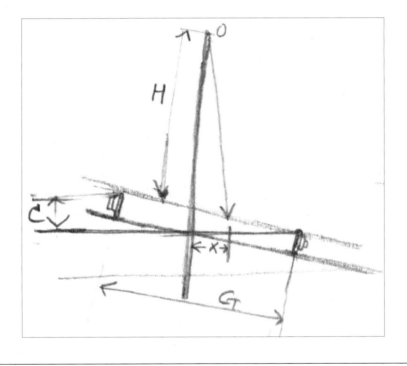

- H를 레일 면에서 차량중심까지의 높이 C를 캔트, G를 내외궤 레일의 중심 간 거리라 하면

$$\frac{X}{H} \fallingdotseq \frac{C}{G} \text{ 에서 } X = \frac{C}{G} \times H$$

- 차량의 내측 전도에 대한 안전율을 3(즉, x를 $G/(2 \cdot 3) = G/6$ 이내에 들도록 함)으로 하면

$$\frac{C}{G} \cdot H \leq \frac{G}{6} \rightarrow C \leq \frac{G^2}{6H}$$

여기서, $G = 1,500mm$, $H = 2,000mm$ 로 하면

$$C \leq \frac{G^2}{6H} = 187.5mm \text{ 가 됨}$$

- 여기에 어느 정도의 여유를 두어 캔트량의 한도를 정하고 있음
- 캔트량의 한도 160mm에 대한 안전율을 구하면 안전율이 3.5로 됨
- 안전율 3.5는 너무 여유 있게 보이나 풍압의 영향이 들어 있지 않은 점을 고려한 것임

11) 기존 고속철도의 높이와 안전율

① 경부고속철도 높이와 안전율
- $H = 1,650m$
- $C = 227mm$
- 캔트량의 한도 180mm에 대한 안전율 → 3.8

② 최대캔트량

국가별	영국	독일	프랑스	일본 (재래선)	일본 (신칸센)
최대캔트량	150	150	160~180	105	200

예제	곡선반경 600m인 선로를 시속 80km/h의 속도로 열차를 운행시키고자 할 때 캔트를 산출함(단, 조정량 $Cd=11mm$)

기본적 파라메타

- 조정량이 있으므로 설정캔트의 산정식을 이용

$$C = 11.8 \frac{V^2}{R} - Cd$$

풀이

$$C = 11.8 \frac{80^2}{600m} - 11 = 115mm$$

1.3 슬랙(Slack)

1) 슬랙(Slack)이란 무엇인가?

- 철도차량은 2개 또는 3개의 차축을 대차에 강결하게 고정시켜 운행을 하고 있어서 곡선을 통과할 때는 전후 차축의 이동이 불가능하고 차륜에 플랜지가 있어 곡선을 원활하게 통과하지 못하게 됨
- 따라서 곡선부에서는 직선부보다 궤간을 확대시켜야 하는데 이와 같이 궤간확대를 슬랙(Slack)이라 함. 일반적으로 곡선의 내측레일을 궤간 외측으로 확대함

- 여기서 플랜지(Flange)란,
  부품의 보강 또는 이음을 위하여 부품의 끝 또는 접합부 주위에 붙인 둥근 테두리를 말함

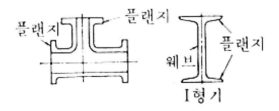

2) 슬랙의 설치효과는?

- 소음, 진동이 줄어듦
- 동요가 줄어들어 승차감이 향상됨
- 레일마모가 감소됨
- 궤도틀림이 감소함

3) 슬랙의 산정계산식

- $S = \dfrac{2,400}{R} - S'$

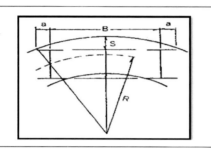

여기서, S: 슬랙(mm)
R: 곡선반경(m)
S': 조정치(0~15mm)
B: 현의 중심점
a: 고정축거의 중심점

- 차량중심과 선로중심과의 최대편기는 a와 a점의 중앙인 B점에서 발생함
  이 편기량을 S_1이라 하면

$$\overline{AC}^2 = \overline{AO}^2 - \overline{CO}^2$$

여기서, $\overline{AC} = \dfrac{L}{2}$, $\overline{AO} = R$, $\overline{CO} = (R - S_1)$ 을 대입하면

$$\left(\frac{L}{2}\right)^2 = R^2 - (R - S_1)^2, \quad \frac{L^2}{4} = 2RS_1 - S_1^2 \text{ 으로 정의할 수 있음}$$

이때, S_1^2은 $2RS_1$에 비하여 극소하므로 무시하여도 차가 크지 않게 됨
따라서 슬랙의 이론적 계산식은

$$\frac{L^2}{4} = 2RS_1, \text{ 따라서 } S_1 = \frac{L^2}{8R} \text{ 로 정의될 수 있음}$$

고정축거 $L = 3.75m + 0.6m = 4.35m$ 로 대입하면 $S_1 = \dfrac{2,400}{R}$ 로 정의됨

4) 슬랙의 체감길이

① 완화곡선과 슬랙의 체감길이
- 완화곡선이 있는 곡선인 경우에는 완화곡선의 전체길이에서 체감해야 함
- 완화곡선이 없는 곡선인 경우 캔트의 체감길이와 같도록 설계하면 됨

슬랙의 체감길이＝완화곡선 전체의 길이

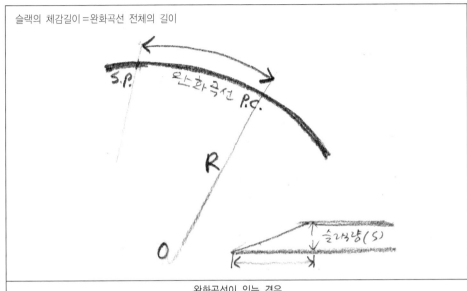

완화곡선이 있는 경우

슬랙의 체감길이＝캔트의 체감길이

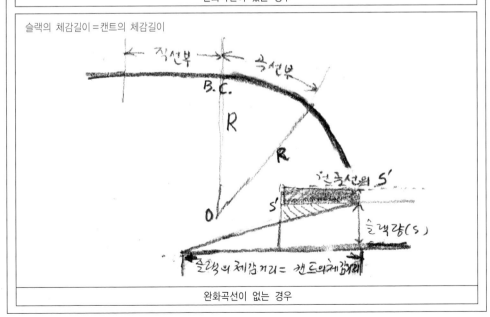

완화곡선이 없는 경우

② 복심곡선과 슬랙의 체감길이

· 복심곡선 안의 경우 인접한 두 곡선 사이의 캔트 차이가 600배 이상의 길이인 경우 두 곡선 사이의 슬랙의 차이를 체감하되, 곡선반경이 큰 곡선에서 적용하는 것이 좋음

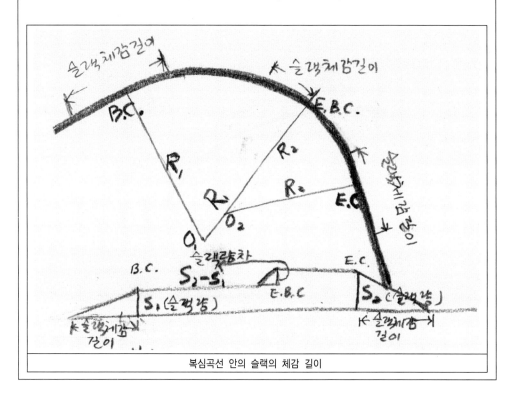

복심곡선 안의 슬랙의 체감 길이

2. 궤도중심간격

1) 궤도중심간격의 개념

2개 이상의 선로부설 시 궤도와 궤도 사이에 일정한 공간을 확보하여 열차운행 및 종사원들의 안전을 도모하고자 설치한 공간을 말함

- 너무 크게 하면 필요 이상의 부지 확보로 사업비가 증가하게 되고 너무 작게 하면 열차안전운행에 문제가 있으므로 적정간격을 확보해야 함

2) 궤도중심간격 설치기준

① 정거장 외에 2선을 병설하는 궤도의 중심간격은 고속선은 5.0m 이상 1급선은 4.3m 이상, 2·3급선 및 4급선은 4.0m 이상 3선 이상의 궤도를 부설하는 경우에는 각 인접하는 중심간격 중 하나는 4.5m 이상임.

② 정거장 내에 병설하는 궤도의 중심간격은 4.3m 이상, 6개 이상의 선로를 나란히 설치하는 경우 5개 선로마다 인접선로와의 궤도 중심간격이 6.0m 이상인 하나의 선로 확보함(단, 고속선의 경우 통과선과 부분선 간격은 6.5m)

③ 곡선에서의 궤도중심간격은 차량편기, 캔트 및 슬랙에 의한 경사량만큼 확대해야 하며, 정거장 내에서는 신호기, 전철주 설치 등을 감안하여 확대해야 함

3) 궤도중심간격 결정 시 고려사항

① 선로를 운행 중인 열차는 점차 고속화되고 있으므로 열차교행 시 풍압에 의한 전도 등의 위험이 없어야 함

② 신호방식, 전철주 건식, 유지보수방식, 장래속도 향상 등을 종합적으로 고려하여 결정해야 함

③ 정거장 내에 있는 차량 사이에서 종사원이 차량정비작업 및 입환작업을 할 수 있어야 하며, 선로보수 요원들이 대피할 수 있는 여유공간을 확보해야 함

4) 궤도설치 시 지하구조물 설계 주의사항

- 지상구간과 달리 지하철과 같은 지하구조물에서는 단면이 필요 이상으로 커지면 공사비가 과다하게 되고 필요 단면보다 작으면 열차운행에 문제가 발생하므로 특별히 주의하여 설계해야 함
- 따라서 지하구간 구조물 설계 시 직선구간과는 달리 곡선부에서는 다음 수치 이상을 감안하여 설계해야 함

① 곡선부에서의 건축한계는 아래의 차량편기량만큼 궤도 양쪽을 확대해야 함

$$W = \frac{50,000}{R} (mm) \quad (\text{전동차전용선일 경우} \quad W = \frac{24,00}{R} (mm))$$

② 곡선부에서는 캔트에 의한 차량경사량, 즉 내측 부분은 캔트의 +2.5배, 외측 부분은 캔트의 -0.8배를 감안해야 함

③ 곡선부에서는 슬랙에 의한 아래치수만큼 곡선의 내측 부분을 확대해야 함

$$S = \frac{2,400}{R} - S(mm)$$

3. 선로구조물

3.1 철도구조물의 공법

1) 개착공법(Open Cut)

① 지표로부터 수직으로 필요한 깊이만큼 파 내려가 목적하는 구조물을 축조하고 다시 메우는 공법
② 개착공법의 종류
 · 전단면 개착공법
 · 부분단면 개착공법

개착공법 방법을 이용한 굴착

2) 터널공법(Tunnel Cut)

① 산악터널공법(ASSM: American Steel Support Method)
② NATM공법(New Austrian Tunneling Method)
③ TBM공법(Tunnel Boring Machine)
④ Shield공법

 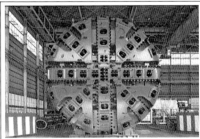

| TBM공법 | Shield공법 |

3) 침매공법

① 지하수면 아래에 터널건설
② 터널을 육상에서 제작
③ 물에 띄워 부설현장에 침하시켜 연결
ex) 거가대교 48m 아래 18개 터널조각 연결

3.2 유효장

1) 유효장이란?

정거장 내의 선로에서 인접선로의 차량이나 열차에 지장이 되지 않고 차량이나 열차를 수용할 수 있는 당해 선로의 최대길이를 "유효장"이라 함

· 일반적으로 선로의 유효장은 차량접촉 한계표 간의 거리를 말함
· 본선의 최소유효장은 선로구간을 운행하는 최대열차길이에 따라 정해짐
· 최대열차길이는 선로의 조건, 기관차의 견인정수 등을 고려하여 결정함

2) 유효장의 범위는 어떻게 될까?

· 선로와 인접선로 사이에 있는 차량접촉한계 간의 거리

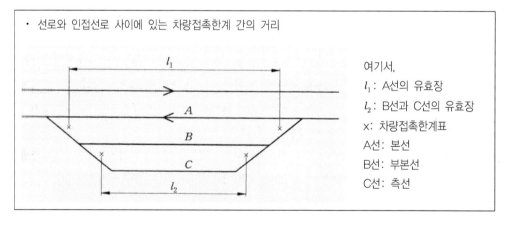

여기서,
l_1 : A선의 유효장
l_2 : B선과 C선의 유효장
x : 차량접촉한계표
A선: 본선
B선: 부본선
C선: 측선

3) 유효장의 결정

일반철도	• 일반적으로 화물열차는 여객열차보다 열차의 길이가 길어서 화물열차의 길이를 기준으로 그 선로 구간의 유효장을 결정함
	• 화물열차의 길이는 화차의 연결량 수, 화차의 적차비율에 따라 좌우되며 화물열차길이를 산출하는 표준식은 다음과 같음
	
	$$L = \frac{l \times N}{a \times n + a' \times n'} + K + C$$
	
	여기서, L: 유효장(m)
	l: 화차 1량 평균길이(현차 13.7m)
	N: 기관차의 견인정수(선별최대치)
	a: 영차율(85%)
	n: 영차의 평균환산량 수(1.48)
	a': 공차율(15%)
	n': 공차의 평균환산량 수(0.48)
	K: 기관차의 길이(20m)
	C: 열차의 전후 여유
	    – 경부선, 경인선, 중앙선, 호남선, 태백선: 35m
	    – 기타: 25m

도시철도	• 일반적으로 도시철도에서 설계 시 설정하는 정거장의 유효장은 다음과 같이 산출 (차량편성 수×차량길이)+여유길이 • 유치선, 회차선의 유효장은 공주거리(5m), 제동거리(20m)를 감안하여 결정함

4) 유효장의 설치 시 고려사항

• 100~500km 이내의 철도구간 연장으로서는 화물생산지에서 소비지까지 일관수송체계(Plate Line System)로 하는 것이 수송시간이 빠르고 화차의 회귀율이 빠르기 때문에 주요간선은 유효장을 표준화하는 것이 바람직함

• 도시철도 설계 시 유효장을 길게 하면 구조물의 길이가 길어지므로 토목공사비가 증가하게 되므로 구체적인 검토가 필요함

3.3 궤도(Track)

1) 궤도란 무엇일까?

> 노반, 강화노반층, 자갈층의 도상, 레일, 침목으로 이루어진 열차의 이동로(교통로)임

- 견고한 노반 위에 도상을 일정한 두께로 덮고 → 그 위에 일정한 간격으로 침목을 부설하고 → 침목 위에 두 줄의 레일을 깐 구조물임
- 신 교통시스템과 새로운 도시철도노선 건설시에는 침목 대신에 콘크리트 노면을 이용함
- 리니어모터(Linear Motor)식철륜은 레일 사이에 반응판(Reaction Plate)을 설치함

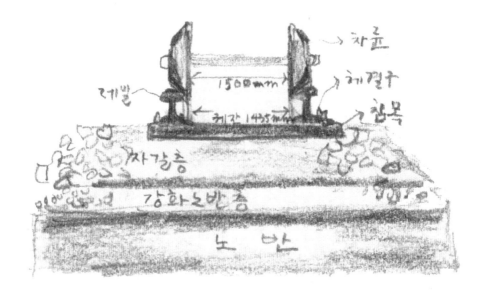

2) 궤도의 특징

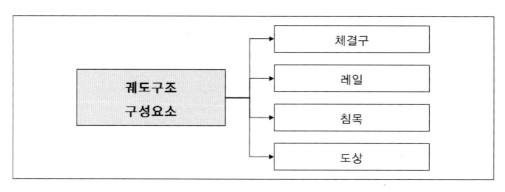

3) 궤도에 작용하는 힘은?

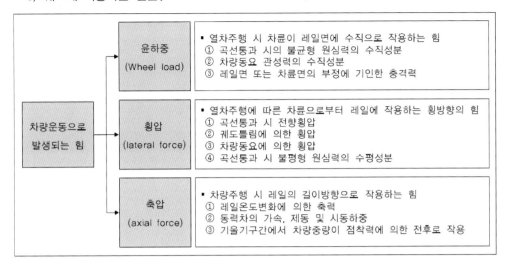

4) 궤도계수

① 궤도계수의 정의
· 단위길이의 궤도를 단위량만큼 침하시키는 데 필요한 힘
· 궤도 1cm를 1cm만큼 침하시키는 데 필요한 힘을 U(kg/cm²/cm)로 표시함

② 궤도계수의 산정식
· 개념식

$$U = \frac{p}{y}$$

여기서, U = 궤도계수(kg/cm^3)
$\quad\quad\quad p$ = 임의점의 압력(kg/cm^2)
$\quad\quad\quad y$ = 침하량(cm)

· 미국 일리노이대학 탈버트 교수(A.N Talbot)의 탄성곡선 방정식에서는 궤도를 구성하는 모든 요소는 탄성체이며, 레일은 연속적 탄성체상의 보(Beam)
· 일반적인 궤도계수는 150~200kg/㎤
· 궤도계수의 측정: 윤중낙하시험을 통해 측정함

③ 궤도계수 증가대책
· 양호한 도상재료 사용 · 도상두께 증가 · 레일의 중량화
· 강화노반 사용 · 탄성체결 장치사용 · 침목의 중량화(PC침목)

5) 궤도틀림(Gauge Irregularity)

① 개요
- 열차가 주는 반복하중을 견디지 못해 차량주행 면에 생긴 틀림현상을 의미함

② 특징
- 선로는 기본적으로 선형이 되어야 함
- 열차의 반복하중이 가해짐으로써 차량주행 면에 오차가 발생되는데 이를 궤도틀림이라고 함

```
                        ┌─────────────────────────────────────────────────────┐
                        │ 궤간틀림 : 궤간(1,435mm)에 대한 궤간차이              │
                        └─────────────────────────────────────────────────────┘
                        ┌─────────────────────────────────────────────────────┐
                        │ 수평틀림 : 좌우레일 높이의 차이현상                  │
                        └─────────────────────────────────────────────────────┘
                        ┌─────────────────────────────────────────────────────┐
   ┌──────────┐         │ 면틀림 : 레일꼭대기 상면의 길이 방향 요철 현상      │
   │          │         └─────────────────────────────────────────────────────┘
   │ 궤도틀림 │────────┤ 줄틀림 : 레일 측면의 길이방향 요철 현상            │
   │          │         ┌─────────────────────────────────────────────────────┐
   └──────────┘         │ 평면성틀림 : 궤도면의 비틀림을 나타내는 평면성틀림  │
                        └─────────────────────────────────────────────────────┘
                        ┌─────────────────────────────────────────────────────┐
                        │ 복합틀림 : 줄틀림과 수평틀림이 복합적으로 나타나는 현상 │
                        └─────────────────────────────────────────────────────┘
```

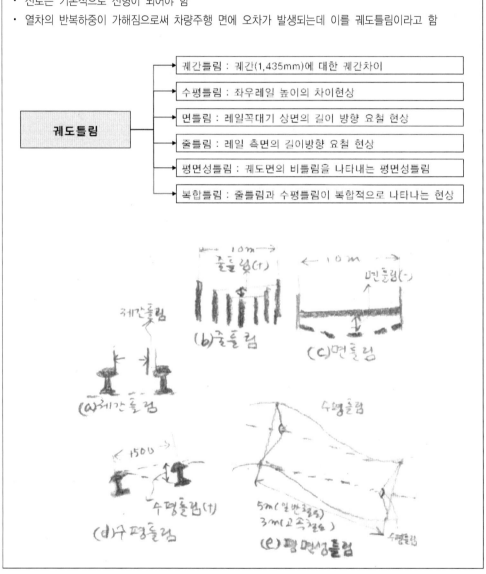

3.4 레일(Rail)

1) 레일의 개요

> · 철도에서 차륜을 지지해주고 방향을 유도해 주는 설비임
> · 레일의 재료는 고탄소강으로 되어 있음

① 레일표준길이: 25m
② 레일무게: 50kg, 60kg, 70kg

2) 레일의 기능

> ① 철도차량의 차중을 지탱해 줌
> ② 철도차량 하중을 침목에 분산시킴
> ③ 평평한 주행 면으로서 철도차륜을 유도해 줌

3) 부분별 특징

① 머리 부분 · 접촉에 따른 마모를 최소화함 · 차량이 원활히 주행하도록 단면을 조성함 ② 배 부분 · 차량의 하중을 머리 부분에서 밑부분으로 전달하는 역할을 함 · 강성을 지니면서 재료의 사용량을 최소화시켜야 함 ③ 밑 부분 · 머리 부분과 배 부분에서 오는 하중을 지탱해 줌 · 침목 위에 안전성을 유지하도록 설치되어야 함 · 차량의 횡방향 전복을 방지시키기 위한 저항력이 있어야 함 · 부식 시의 단면감소를 방지할 수 있는 재료(소재)를 사용하여야 함	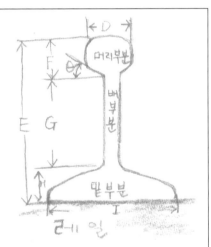 D=머리 폭, E=레일 높이 F=머리 부분 높이, G=배 부분 높이 H=밑 부분 높이, I=밑 폭 θ=연결부각도

3.5 레일체결장치(Clamp of Rail)

1) 레일체결장치정의

・ 레일을 침목 또는 다른 레일 지지구조물에 결속시키는 장치임

2) 레일체결장치의 기능

・ 부재의 강도, 내구성
・ 궤간의 확보
・ 레일 체결력
・ 하중의 분산과 충격의 완화
・ 진동의 저감, 차감
・ 전기적 절연성능의 확보
・ 조절성
・ 구조의 단순화 및 보수 생력화

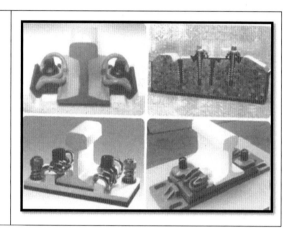

3) 레일체결장치의 결속방법

① 판 스프링크립 + 볼트
② 선 스프링크립 + 볼트
③ 선 스프링크립 + 숄더
④ 크립+스프링와셔 + 볼트

1. 선로의 기울기란 무엇인지에 대해 논해 보자.
2. 선로 건설 시 기울기의 필요성에 대해 논해 보자.
3. 선로기울기의 종류에는 무엇이 있는지 생각해 보고, 종류별 기울기에 대해 생각해 보자.
4. 열차의 길이와 기울기 높이와의 관계를 그려 보자.
5. 선로기울기에 영향을 주는 요소에는 어떤 것들이 있는지 논해 보자.
6. 선로 등급별 기울기는 어떻게 되는지 생각해 보자.
7. 기울기에서의 속도제한은 어떻게 될까?
8. 선형 선정 시 기울기와의 관계에 대해 설명하여 보자.
9. 캔트(Cant)란 무엇일까?
10. 이론캔트와 설정캔트의 차이점과 캔트설정에 대해 생각해 보자.
11. 캔트 부족은 무엇인지 논해보고, 캔트 부족 시 어떤 문제가 발생할지 생각해 보자.
12. 균형캔트의 산정식과 이론캔트의 산정식은 어떻게 다른지 살펴보자.
13. 슬랙(Slack)의 정의와 슬랙의 효과에 대해 논해 보자.
14. 슬랙의 산정식에 대해 논해 보자.
15. 차량중심과 선로중심과의 최대편기를 그려서 설명해 보자.
16. 슬랙의 이론적 계산식과 일반적인 산정식과 어떤 차이가 있는지 논해 보자.
17. 궤도중심간격은 무엇인지 생각해 보고 설치기준에 대해 논해 보자.
18. 궤도설치 시 지하구조물 설계의 주요사항에 대해 논해 보자.
19. 철도구조물을 건설하기 위한 공법의 종류와 특징을 생각해 보자.
20. 유효장이란 무엇이며, 범위는 어떻게 될까?
21. 유효장의 산출식은 어떻게 될까?
22. 일반철도의 유효장과 도시철도의 유효장 산출식이 어떻게 다른지 논해 보자.
23. 유효장 설치 시 고려사항은 어떤 것이 있는지 생각해 보자.
24. 궤도를 설명하고 궤도의 구조를 그려 보자.
25. 궤도를 이루는 구성요소들에는 어떤 것들이 있는지 논해 보자.
26. 궤도틀림이란 무엇이며 그 종류를 살펴보자.
27. 레일의 정의와 기능에 대해 논해 보자.
28. 레일의 부분별 특징을 그려서 생각해 보자.
29. 레일체결장치는 어떤 기능을 하는지 살펴보자.
30. 레일체결장치의 결속방법에는 어떤 것들이 있으며 결속방법별로 어떤 차이가 있는지 생각해 보자.

제4부

철도교통시스템

노면전차 (슬로바키아)

1장 / 철도관제시스템

궤도승용차 (우리나라 순전만)

1. 철도관제시스템의 개요

1) 철도관제시스템이란?

① 관제설비와 관제사에 의하여 계획된 열차를 효율적으로 운행하기 위하여 열차의 운행상황을 집중적으로 제어·통제·감시하는 시스템임
② 컴퓨터 설비 및 통신망을 이용하여 차량 및 부대설비에 전력을 공급하는 각 변전소, 배전소, 역사 등의 전력공급설비를 원격 제어·감시하는 전철 전력제어시스템(SCADA)으로 구축되어 있음
③ CTC·SCADA·CCTV 등 관제시스템에 필요한 음성, 데이터 등을 전국 각 역사로부터 수집하기 위해 초고속 광전송망, 유무선 사령통신 설비, 컴퓨터시스템 기타 관제센터의 운영에 필요한 정보통신망 및 CCTV 시스템과 여객안내시스템 등이 설치됨

2) 철도관제시스템의 종류

- 열차운행종합 제어장치(TTC: Total Traffic Control System)
- 컴퓨터열차운전 제어장치(CTC: Computer Traffic Control System)
- 열차집중 제어장치(CTC: Centralized Train Control System)
- BOX 형태(관제사가 역장, 기관사 등과의 통신으로 열차운행 조절)

3) 철도관제시스템의 구비조건

① 조작의 단순화
② Fail-Safe System
③ 결함 허용시스템
④ 2중체계화(Back-up System)
⑤ 보수의 용이성
⑥ 결함마스킹(Fault Masking)
⑦ 시스템의 확장성

2. 철도관제시스템의 운영

2.1 관제사

관제사의 임무

① 열차를 정상으로 운전하기 위한 일상의 운전정리
② 운전사고 및 장애발생 사항에 대한 운전정리
③ 열차운전에 필요한 사항 지시
④ 선로차단공사 및 트로리 사용승인 및 기록유지
⑤ 기상상태 파악
⑥ 관제실 조작반의 취급
⑦ 열차운행표의 변경사항 정보입력 및 실적정리 및 지연분석

2.2 운전관제

1) 운전정리

① 열차가 지연, 혼란 시 열차를 정상적으로 운전시키기 위하여 지시하는 것
② 운전명령서 발령
③ 운전정리의 주요사항
・ 따로 발차   ・ 순서변경   ・ 합병운전
・ 앞당겨 운전   ・ 늦춤 운전   ・ 운전휴지
・ 단선운전   ・ 운행변경   ・ 운전선로 변경
・ 차량교환   ・ 반복변경   ・ 착발선 변경

2) 운전관제의 주요업무

① 열차운행 감시 · 통제
② 상황발생 시 응급조치 및 운전정리
③ 영업준비 확인
④ 본선 출입자 통제 및 관리
⑤ 야간보수작업 및 모터카 운행통제

3) 운전관제의 주요설비

① VDU콘솔(단말기)
- 단말기를 통하여 진로 변경, 운전시각 수정, 임시열차 생성 등 운전정보를 입력
- 운행에 필요한 정보를 열람 시 마우스를 사용하거나 기능키를 사용하여 조작
- 열차번호, 운행계획, 정보입력, 조회, 제어, 장표출력, 환경설정의 메뉴 등을 관제함

VDU 콘솔	운전관제 제어탁

② 운영자 콘솔(Console)
- TTC의 입력된 프로그램에 따라 자동처리하나 필요 시 VDU 콘솔을 통해 적절한 운행상태를 조절함
- 열차번호삽입, 열차번호삭제, 열차번호이동, 운휴지정, 운전지정, 진로변경, 운행형태변경, 순서변경, 종착역 반복변경, 시각변경, 열차정리, Dia Copy, 구간운휴
ex) 운행계획 → 구간운휴 → 열번입력 → 시작 역 번호입력 → 끝 역 번호입력

③ 역 행선변경
- 열차지연 등 운행순서가 변경되어 역 안내게시기의 행선이 열차의 행선과 일치하지 않을 경우
- 열차의 행선을 맞출 때 사용
ex) 제어 → 역 행선변경 → 역 번호 → 이번 열차 행선 → 다음 열차 행선 → 설정

2.3 여객관제

① 지하철 운행 및 상황의 종합관리
② 상황업무 관련 대외기관과 24시간 협조체제 유지
③ 본사 당직업무 수행 및 차량기지 당직업무 보고
④ 여객수송통제
⑤ 지하철 이용안내
⑥ 기타 승객수송에 관련된 사항

2.4 검수관제

검수관제의 임무

① 전동차에 고장이 발생하였을 때 승무원에 대한 응급조치 지시 및 상태 확인
② 기동검수원에게 고장내용 통보하여 출동지시 및 조치상태 확인
③ 예비전동차 출고지시
④ 차량기지별 전동차 운용현황 파악
⑤ 전동차의 입출창, 회송, 시운전, 차량반입현황 및 차량운행상태 파악
⑥ 기타 전동차운행에 관련된 사항

2.5 시설관제

시설관제의 임무

① 선로시설물 장애발생에 대한 상황 파악 및 통보업무
② 선로차단동사 및 철도토목분야 외부작업 파악업무
③ 철도토목분소에 통보 및 신속한 현장조치를 위한 지시업무
④ 필요 정보의 파악, 자료의 수집 및 관계부서와의 긴밀한 연락업무
⑤ 기타 시설관제 운영에 필요한 사항

2.6 전력관제(SCADA)

1) 전력관제의 주요업무

① 전력설비 감시 · 제어 · 통제
② 전차선로 급 · 단전 및 감시
③ 사고장애 발생 시 긴급정전 및 전력개통 변경
④ 원방감시제어설비 운용유지

2) 전력관제의 주요설비

① 주 컴퓨터 장치 • 고속의 데이터 처리가 가능하며 이중화 구조로 되어 있음(호선별 1Set)	
② 운영자 장치 • 전력계통을 감시, 제어하는 시스템	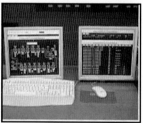
③ 통신제어장치 • 컴퓨터장치와 단말기장치 간의 통신 및 주변기기를 제어하는 장치	
④ 계통반 • 전력계통을 한눈에 알아볼 수 있도록 표시반	

⑤ 프린터장치 • 시스템 운영 중 각종 이상 정보를 출력하여 기록하는 장치	
⑥ 단말장치 • 변전소 및 전기실 내에 설치된 장치로서 현장설비를 감시 · 제어	
⑦ 무정전 전원장치 • 전원공급 장애 시 안정된 전원을 공급하는 장치	
⑧ 항온 항습기 • 특정온도, 습도를 일정 공간 내에 형성하는 기기	

2.7 신호관제

1) 신호관제의 주요업무

① 신호설비 감시 · 제어 · 통제
② 열차운행 DIA 입력, 편집 및 열차운행실적 관리
③ 사고장애 발생 시 응급조치 및 이상 경보 기록, 저장, 분석
④ 신호사령 설비 운용 유지

2) 신호관제의 주요설비

① 열차운행제어 컴퓨터
② 사령신호조명반
③ 콘솔(Console)
④ 정보전송장치(DTS)

2.8 설비관제

1) 설비관제의 주요업무

① PSD, 소방, 급배수, 승강기, 냉방 환기 및 환경장비 감시
② 기계설비의 장애 및 고장발생 시 조치
③ 사령설비의 운용 및 유지보수
④ 사고 발생 시 응급조치 및 현장통제

2) 설비관제의 주요설비

① 주 컴퓨터
② 기계장비 상황 표시반
③ 콘솔(Console)
④ 승강장, PSD

2.9 정보통신관제

1) 통신관제의 주요업무

① 통신설비 감시 · 제어 · 통제
② 통신망 운용 및 관리
③ 사고장애 발생 시 통신설비의 복구조치
④ 통신회선 제공 및 품질관리

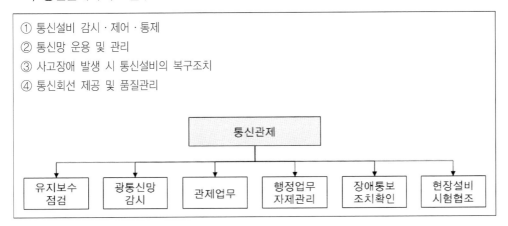

2) 통신관제의 주요설비

① 열차무선
② 폐쇄회로(CCTV)
③ 전송설비
④ 행선안내게시기, 사령방송

3. 철도관제시스템의 구성

1) 관제설비의 하드웨어 구성

① 운영관제실
② 신호컴퓨터실
③ 상황실
④ 홍보실
⑤ 교육실
⑥ 현장 역 설비
· LDTS(국부정보전송장치)

⑦ 주요서버
· 결점허용시스템

2) 관제설비의 소프트웨어 구성

① CTC 기본 소프트웨어
· 열차표시 시스템, 사용자 인터페이스

② 열차운행관리 소프트웨어
· 열차스케줄 작성 시스템, 자동진로설정 시스템

③ 열차운전 관련 데이터베이스
· 현장데이터 편집, 차량제원 및 열차정보 편집

④ 업무지원 소프트웨어
· 관제업무 자동화, 선로용량계산 S/W

⑤ 교육훈련 및 상황실 소프트웨어
· CTC 기본기능, 운전정리 모의시험

3) 종합관제소의 상황보고 구성

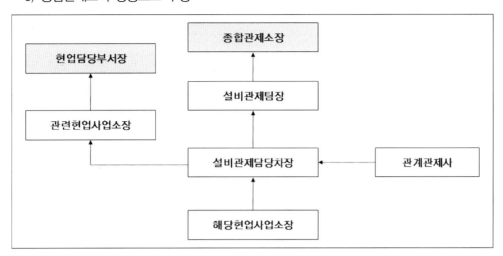

4) 철도운영기관의 상황보고 구성

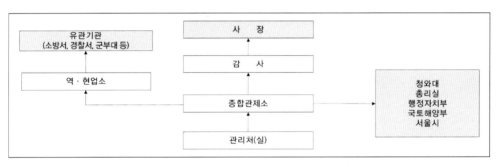

1. 철도관제시스템의 정의와 종류에 대해 생각해 보자.

2. 철도관제시스템 설비 시 구비조건에 대해 논해 보자.

3. 관제사는 어떤 임무를 수행하는지에 대해 생각해 보자.

4. 운전관제가 갖는 주요임무는 무엇인지 논해 보자.

5. 운전정리란 무엇이며, 운전정리 시 주요사항은 어떤 것이 있는지 생각해 보자.

6. 운전관제의 주요설비에는 어떤 것이 있을까?

7. VDU 콘솔은 운전관제에서 어떠한 주요업무를 하는지 생각해 보자.

8. 여객관제와 검수관제의 임무에 대해 논해 보자.

9. 전력관제(SCADA)의 주요업무 및 주요설비에 대해 논해 보자.

10. 신호관제의 업무와 설비는 어떻게 되는가?

11. 정보통신관제의 주요업무와 구성요소에 대해 생각해 보자.

12. 철도관제시스템의 구성 중 하드웨어와 소프트웨어 구성에 대해 생각해 보자.

13. 위급 · 고장 시 종합관제소의 상황보고 흐름도를 그려서 살펴보자.

2장 / 철도제어시스템

예로-트레인 (일본 실험중)

1. 철도제어시스템의 구성

1.1 ATC(Automatic Train Control device: 자동열차제어장치)

1) ATC란 무엇인가?

> 열차가 열차속도를 제한하는 구역에서 그 이상으로 운행하게 되면 자동적으로 속도를 제어, 제한하여 속도 이하로 운행하게 하는 장치

- ATS가 정지신호 오인방지가 주목적인 데 반하여 ATC는 속도제어를 통한 열차안전운행 유도를 목적으로 이용하고 있음
- ATC는 신호현시에 따라 그 구간의 제한속도 지시를 연속적으로 열차에 주어 열차속도가 제한속도를 넘으면 자동적으로 제동이 걸리고 제한속도 이하로 되면 자동적으로 제동이 풀리는 신교통 기술임

2) ATC의 개념

① 차내 신호방식, 연속 제어방식
② 레일을 송신안테나로 이용하여 신호기에 대용
③ 지상 ATC 신호시스템은 선행열차의 위치를 파악하여 후속열차에 적정한 운행속도를 지시
④ 운행 중인 열차의 차상 ATC 시스템은 레일로부터 속도명령을 수신하며 지시하는 속도보다 과속운행 시 자동으로 지시하는 속도로 감속시킴

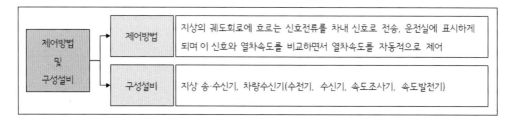

3) 자동열차제어장치의 기능

- 각 구간의 열차 검지 기능(지상)
- 각 구간의 신호정보(ATC 신호)의 전송기능(지상)
- 신호정보의 수신기능(차상)
- 열차속도와 제한속도 비교 후 속도제한기능(차상)

4) 자동열차제어장치는 왜 필요한가?

- 고속주행으로 신호기 인식시간이 짧음
- 신호기 건식밀도가 높아 신호기 오인 우려
- 기관사 판단이 늦을 경우 제동거리가 길어짐
- 신호기 오인 시 속도제어 곤란으로 사고위험성 증가
- 기관사 정신적 부담 가중

1.2 ATO(Automatic Train Operation: 열차자동운전장치)

1) ATO란 무엇인가?

ATC(열차자동제어장치)에 자동운전기능을 부가하여 열차가 정차장을 발차하여 다음 정차장에 정차할 때까지 가속, 감속 및 정차장에 도착할 때 정위치에 정차하는 일을 자동적으로 수행하는 시스템임

- 운전의 대부분이 자동화되어 보안도 향상
- 정확한 운전시간의 유지
- 수송효율의 증대, 동력비 경감
- 기관사의 숙련도와 부담의 경감(1인 승무 및 무인운전 가능)

2) ATO의 기능

① 차상장치와 신호제어장치 간에 상호작용하여 ATO 운전을 보조하기 위한 수단
② 자동속도제어기능과 역 간 자동주행기능, 출입문제어기능, 자동출발기능, 정위치 정차기능
③ 차상 ATO 장치는 ATC 속도제한 명령에 종속된 열차운행을 하며, 열차자동방호, 역 승강장 정밀정차, 열차운행제어 등 기능
④ 역과 역 사이의 역 간 정보를 열차 내의 컴퓨터에 기억시키고 지상의 TWC 장치로부터 역 정보수사
⑤ 역과 역 사이에 설치된 4개의 PSM을 지나며 승강장에 정차, 출입문 열림, 출발

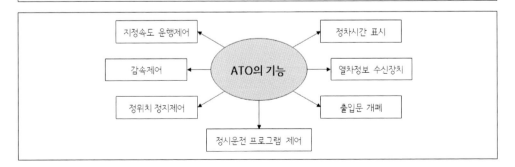

3) ATO의 부문별 장치기능

① ATO GENISYS
- 신호기계실에 설치
- 열차의 자동운전 보조장치
- 출입문 개폐, 운전실 선택, 정차표시 등 제어
- AF궤도회로, 전원장치 등 이상 유무를 LCTC컴퓨터로 정보전송

② PSM(Precision Stop Marker)
- 열차의 정위치 정차를 돕기 위하여 열차의 정차지점을 알려줌

	거리[M](정위치 정차 기준점에서)	공진주파수[㎑]
PSM1	546.0	110
PSM2	108.5	100
PSM3	21.0	92
PSM4	3.5	170
PSM5	가변	140(5호선 120)
PSM6	21.0	130

③ TWC 장치(Train to Wayside Communication)
- 운행에 따른 차량과 지상의 공간적 정보처리를 위한 TWC 장치인 모뎀 전송장치
- 상호 안테나를 통하여 통신으로 열차 내 컴퓨터와 관제실 컴퓨터와 Data통신으로 관련정보 자동처리
- 관제에서 차량으로 전송
  열차번호, 다음 역, 현재 역, 종착역, 다음 역 출입문 방향, 운전제어 등
- 차량에서 관제로 전송
  열차번호, 편성번호, 열차상태, 열차길이, TWC 고장정보, 출입문 닫힘 등

4) 각국의 열차 자동운전제어방식

- 국내외 열차운전 동향을 살펴보면 ATC/ATO를 갖춘 1인 운전이 대부분임
- 완전 무인으로 운행되는 것은 프랑스 릴리의 Val System, 미국 마이애미 Val System 등이 있으나, 대부분 열차편성이 소량(2~3량)임
- 경전철로서 주로 수송수요가 적은 노선에 운용 중이며, 대부분 승무원이 탑승하여 장애발생 등에 대비하고 있음

5) 무인운전시스템의 문제점은?

- ATO의 고장은 열차운전을 저해하기 때문에 장치의 고신뢰화와 Backup 방식에 충분한 배려가 필요함
- 무인운전시스템은 운행 중인 열차 및 System 고장발생, 전방 장애물 검지곤란, 승객의 불안감, 건설비 증가 등의 문제점이 있음

6) 우리나라에서 시행 중인 ATO

- 서울지하철 5, 7, 8호선의 운전방식을 보면 ATC/ATO 장치를 설비한 1인 승무운전을 시행하고 있음
- Full Auto 기능을 추가해서 안전성과 신뢰성의 실적을 얻어 장래 무인운전에 대비하고 있는 실정임
- 현재는 기지 입출고나 단말역 회차운전을 무인운전방식으로 계획하고 있음

1.3 CTC(Centralized Traffic Control: 중앙집중제어장치)

1) CTC란 무엇인가?

한 지점에서 광범위한 구간의 많은 신호설비를 원격 제어하여 운전취급을 직접 지령할 수 있는 장치로서 일정선구에서 열차의 운전상황을 종합사령실에 집중 표시하여 정거장의 열차진로를 사령실에서 직접 제어하는 시스템임

- 전 구간의 신호설비 및 열차운행상황을 일괄 감시
- 현장 신호설비의 자동 및 수동 제어
- 각 지점의 열차에 대한 지령 기능
- 열차운행상황의 자동기록
- 여객안내 설비 등의 열차운행정보 제공

CTC를 이용하면 어떤것이 좋을까?

① 취급인력 감소로 운전비, 인건비 등 경비절감
② 평균운행 속도의 향상, 열차지연 방지
③ 열차운행의 보안도 향상
④ 선로용량 및 수송력 증강(평균운행속도 향상)

2) CTC 통합사령실(구로)

2006년 CTC 통합사령실을 개통하여 CTC 관리 및 전철전력제어장치인 SCADA와 호남~전라선의 CTC를 1개의 사령실에서 관리 및 유지하고 있음

CTC 통합사령실의 개통은 다음과 같은 기대효과를 가져오고 있음
- 수송시스템의 일괄통제체제 구축
- 사령업무의 간소화 및 수송경쟁력 확보
- 유지보수 최소화 및 안정성 확보
- 영업능력의 극대화 및 철도이미지 제고

1.4 ATP(Automatic Train Protection: 자동열차방호장치)

1) ATP란 무엇인가?

- 열차의 안전한 운행을 확보하기 위한 설비로서 선행열차의 위치에 따라 후속열차의 속도를 제어하는 장치임

$$ATP = ABS + ATC + ATO + ATS$$

2) ATP의 기능

① 폐색구간의 경계에 설치된 지상자를 통해 폐색구간의 길이, 기울기, 선로전환기 위치 등 지역정보와 지상정보를 차상으로 전송함
② 수신된 지상정보와 열차길이, 열차속도를 제동력, 열차종별 등에 대한 차상정보와 결합하여 열차간격 조정, 열차속도 조정, 자동운전, 비상정지 등의 기능을 제공함

3) ATP를 이용하면 어떤 점이 좋을까?

- 전체시스템을 통하여 모든 열차상태의 감시기능 유지
- 열차 간 안전거리 유지
- 노선상태에 따른 열차속도 제한
- 시스템을 통하여 적절한 열차운행의 지시 유지
- 선로용량 증대
- 열차의 운전방향 유지

4) ATC와 ATP의 비교

ATC	ATP
① 연속적 차상신호	① 불연속적인 차상신호
② 운전속도 행상과 시격단축—선로용량 증대	② 열차특성, 등급이 다른 혼용운전에 적합
③ 고속열차에도 추가신호 설비—직결운행 가능	③ 폐색구간 신호설비 장애 시 2개 폐색구간을 1개 폐색
④ 운행선 구분에 의한 차상신호 속도단계가 자동변환	구간으로 사용
⑤ 제동목표거리를 계산해 운행—안전상과 효율성 증가	④ 기존설비 최소개량으로 경제적인 설비
⑥ 기기 집중배치로 유지보수, 내구성, 장애복구 시간단축	⑤ 폐색신호기 설치위치에서만 지상정보 수신이 가능하므
⑦ 전체적인 신호설비 도입—건설비 과다	로 연속제어방식에 비해 운행효율 감소

1.5 ATS(Automatic Train Stop: 열차자동제어장치)

1) ATS란 무엇인가?

> 기관사가 시각에 의한 확인운전을 함으로써 오인과 조작착오가 발생할 우려가 있으므로 위험구역에 열차가 접근하면 경보음을 울려주고 일정시간 동안에 브레이크 조작이 없을 경우 자동으로 브레이크를 조작시켜주는 시스템

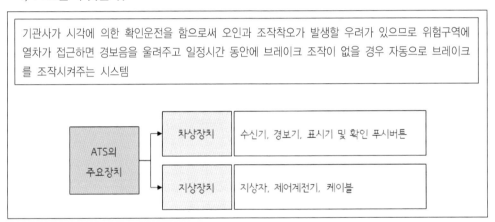

ATS의 주요장치 → 차상장치: 수신기, 경보기, 표시기 및 확인 푸시버튼 / 지상장치: 지상자, 제어계전기, 케이블

2) ATS의 기능

① 선행열차의 열차위치를 파악하여 후속열차에 안전한 운행속도를 지상신호기를 통하여 승무원에게 지시
② 선행열차와의 거리가 멀고 가까움에 따라 지상신호기에 주의, 감속, 정지 등의 신호현시
③ 신호기 내방에 설치된 ATS 지상자에 신호현시 조건을 연계시켜 ATS 지상자 위를 열차가 통과할 때 열차의 운행속도가 지시하는 속도보다 높을 경우 차상 ATS 장치는 과속경보를 함

1.6 TTC(Total Traffic Control)

1) TTC란 무엇인가?

> 종합사령실의 Main Computer가 CTC(열차중앙집중제어장치)에다 컴퓨터 장치를 부가하여 열차운행업무, 운행제어 및 감시를 수행하는 자동제어방식

① 의미
- 열차운행 스케줄에 따라 전체노선의 선로상태 정보와 열차의 운행상태를 파악하여 자동진로설정 및 열차번호에 의한 열차의 운행상태를 표시하는 등 열차의 운영관리에 대한 전반적인 업무를 자동으로 수행하는 시스템
- CTC는 사령원이 수동으로 제어반에서 제어하는 수동제어방식임
- TTC는 CTC와는 달리 컴퓨터가 자동으로 제어하는 자동제어방식임

② 주요기능

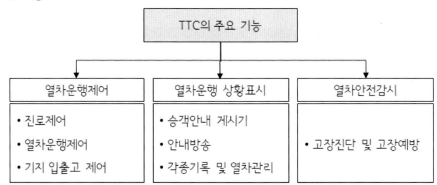

- 열차 다이아 작성 및 변경 기능
- 열차진로 제어 및 감시 기능
- 모니터 기능

③ 주요 구성요소
- 운영관리컴퓨터(MSC)
- 열차운행제어컴퓨터(TCC)
- 입출력 제어컴퓨터(I/O Controller)
- 대형표시판(LDP)
- 정보전송장치(DTS)
- 운영자제어용 콘솔 및 주변장치
- Plotter
- UPS

2) TTC 시스템의 주요장비

① 운영관리컴퓨터(MSC)
· 열차운행을 위한 각종 스케줄 작성 및 수정, 실적통계 처리, 열차운행 관련된 각종 정보저장, 열차운행 계획 작성
· 운영관리를 위한 주 컴퓨터인 TCC 시스템은 S/W 및 H/W를 병렬 연결하여 신뢰성과 안정성을 확보할 수 있는 고장허용시스템 방식
· 기본정보, 운행계획, 통계처리, 운행실적, DIA 업무, 시스템작업 종료

② 열차 DIA 입력
· 열차 DIA 입력은 전동차다이아, 열차운행 시각표, 다이어그램 등 기초로 MSC 입력, 저장 후 TTC에 송신함으로서 완료됨
· 역 정보관리, 역 간 정보관리, 진로 정보관리, 열차운행계획 자료입력, 열차운행계획 곡선관리입력, 열차 DIA 입력 후 적합성 입력, 열차운행실적 저장

③ Line Printer
· 운전관제실 내에 있으며 TTC 관제장치 및 주변기기의 장애발생 복구상황과 제어반 취급, VDU 조작 등 모든 기록 인쇄함

④ 입출력장치(I/O Controller)
· 정보전송장치(DTS)에서 수신받은 정보 및 TTC의 제어하는 정보를 시스템 간의 사용 가능한 정보를 변환하여 각 시스템으로 입출력하는 장치

⑤ 대형표시판(LDP)
· CTC 관제실의 대형표시판(LDP)은 관제사가 본선의 전 구간 열차운행 감시와 제어를 하는 데 용이하며 전 구간을 집약해서 열차운행의 흐름을 한눈에 볼 수 있는 장치

1. 철도제어시스템의 종류에 대해 생각해 보자.

2. ATC 제어시스템의 의미와 제어방식에 대해 생각해 보자.

3. ATC 제어시스템의 필요성은 무엇이 있을까 생각해 보자.

4. ATO 제어시스템은 무엇일까?

5. ATO의 기능에 대해 설명하여 보자.

6. 무인운전시스템의 장점과 단점에 대해 논해 보자.

7. CTC의 개념 및 효과에 대해 생각해 보자.

8. 국내의 CTC 사령실에 대해 논해 보고, 사령실의 구축에 따른 기대효과에 대해 기술하여 보자.

9. ATP의 정의와 구성에 대해 설명하여 보자.

10. ATP의 장점은 어떤 것이 있는지 논해 보자.

11. ATC와 ATP의 차이점은 어떻게 되는지 논해 보자.

12. TTC와 CTC의 관계를 생각해 보고, TTC의 주요기능에 대해 논해 보자.

13. TTC 시스템의 주요 장비에는 어떤 것이 있으며, 장비에 대해 논해 보자.

제5부

철도시설 및 설비

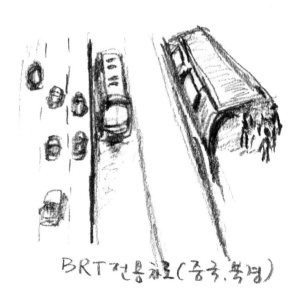

BRT전용차로(중국.북경)

1장
철도운영시설

BRT와 원통형 정류장 (브라질 꾸리찌바)

1. 철도정거장

1.1 정거장(Station)

1) 정거장이란 무엇인가?

> 여객의 승강, 화물의 적하, 급수연료의 공급, 열차의 교행과 대피, 차량의 점검과 경미한 수리, 열차의 입환과 조성 등 운전상 필요한 모든 작업행위를 하는 장소를 정거장이라 하며, 정거장은 사용목적상 역, 신호장, 신호소, 조차장으로 구분됨

- 지역개발 및 교통망체계 구축 등 지역에 막대한 영향을 미치므로 정거장의 위치와 배선은 이용승객 및 영업성 측면에서 종합 검토하여 합리적으로 선정해야 함
- 정거장의 구내배선은 한번 수립하면 추후 변경에 막대한 사업비가 소요되므로 계획 건설 시에는 세심한 검토와 분석으로 지역 및 지형의 특성에 맞는 구내배선을 선정해야 함

2) 정거장의 종류

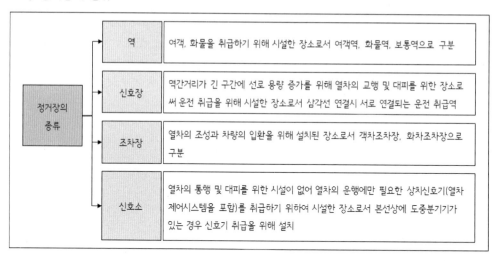

3) 정거장의 기능

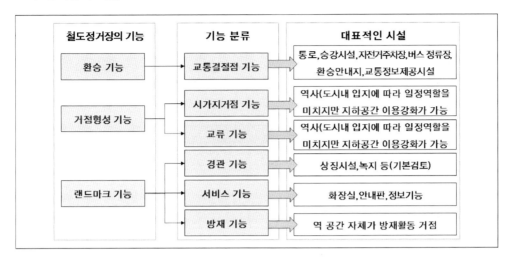

4) 정거장 위치선정의 중요성

① 철도수송의 가장 기본적인 기지
② 완공 후에는 확장이 어려움
③ 정거장 위치는 그 지역의 발전에 막대한 영향을 미침
④ 역간거리는 운영비, 주민의 편익, 열차의 표정속도와 직접 연관이 있음
⑤ 정거장은 그 특수성 때문에 일정한 거리의 직선 및 레벨구간이 필요하므로 주변지형, 주위의 노선상황,
　운전조건, 그 지역의 도시계획 등 많은 영향이 고려되어 선정되어야 함

5) 정거장 위치 선정 시 고려사항

① 정거장 구내는 가능하면 수평이고 직선이어야 하며, 정거장 외라도 정거장에 접하여 설치하는 것이 좋으며, 가급적 급기울기와 급곡선이 있는 곳은 피할 것
  · 급기울기: 피난선 설치로 보완
  · 급곡선: 원방신호기로 보완

② 여객와 화물이 집산되는 중심지에 접근되고 타 교통기관과 연계수송이 가능한 장소일 것
③ 정거장 거리는 일반적으로 4~8km, 대도시 전철역은 1km 전후에 설치
④ 정거장은 그 기능을 충분히 발휘하고, 소요면적을 확보할 수 있어야 하며 장래 철도발전에 따라 확장 및 개량이 용이할 것
⑤ 정거장 전후의 기울기는 열차가 도착할 때 상기울기, 출발할 때 하기울기가 되는 지형이 좋음
⑥ 정거장은 일반적으로 많은 용지가 필요하므로 용지매수가 용이하고 토공량과 구조물이 적은 지역일 것
⑦ 객차 조차장이나 차량기지는 종단정거장에 가깝게 대는 열차의 입출장을 위해 될 수 있는 한 본선에 지장이 적은 위치일 것
⑧ 연약지반은 피함, 건설비가 많이 들고 장래 침하 우려 및 구조물의 변상 우려가 높음

6) 정거장 선로 분류

선로의 구분	① 본선(주본선): 열차를 발착 또는 통과시키는 데 사용되는 선로 · 상본선, 하본선, 도착선, 출발선, 여객본선, 통과선, 대피선으로 구분됨 ② 측선(부본선): 정거장 구내 본선 이외의 모든 선로를 측선이라 함 · 유치선, 입환선, 인상선, 화물하선, 세차선, 검사선, 수선선, 기회선, 기대선, 안전측선, 피난측선으로 구분됨

정거장을 선로망상의 위치에 의한 분류

① 중간정거장: 종단정거장의 중간을 위치하는 정거장으로 대부분의 정거장이 여기에 속함
② 종단정거장: 일반적으로 선로의 종단에 위치하는 정거장, 운송운영 작업상 열차의 종단이 정거장임
③ 연락정거장: 2 이상의 선로가 집합하여 연락운송을 하는 정거장
④ 일반연락정거장: 본선과 지선 간에 열차의 통과 운전을 하지 않은 정거장
⑤ 분기정거장: 본선과 지선 간에 열차의 통과 운전을 하는 정거장
⑥ 접촉정거장: 2 이상의 선로가 접촉한 지점에 공통으로 설치된 정거장
⑦ 교차정거장: 2 이상의 선로가 교차하는 지점에 설치된 정거장

7) 정거장 선로의 분류 및 기능

구분	종류	기능
주본선 (Main Track)	본선	• 정거장 내에서 동일방향의 열차를 운전하는 본선로가 2개 이상 있을 경우, 그 가운데서 가장 중요한 본선을 의미
부본선 (Sub Track)	유치선	• 차량을 일시 유치하는 선로
	입환선	• 열차를 조성하거나 해방하기 위하여 차량의 입환작업을 하는 측선
	인상선	• 열차운행에 지장을 주지 않고 화물취급선 또는 유치선에서 입환이 가능하도록 따로 부설해 놓은 선으로 입환선을 사용하여 차량 입환을 할 때 이들 차량을 끌어올리기 위한 측선
	화물적하선	• 화차를 열차에서 분리하여 화물 홈으로 이동시켜 화물의 적재 및 하차 작업을 하는 측선
	세차선	• 차량의 차체를 세척하기 위하여 사용하는 측선
	검사선	• 차량을 정기적으로 검사하기 위하여 사용하는 측선
	수선선	• 차량의 수선작업을 수시로 하는 측선
	기회선	• 기관차를 바꾸어 달 때 열차가 착발하는 본선 근처에서 기관차가 일시대기 하는 측선
	안전측선	• 정거장 구내에서 2개 이상의 열차를 동시에 진입시킬 때 만일 열차가 정지위치에서 과주하더라도 열차가 접촉하거나 충돌하는 사고를 방지하기 위하여 설치하는 측선 • 분기기는 항상 안전측선 방향으로 개통되어 있는 것을 정위로 함
	피난측선	• 차량의 위급 시 충돌을 방지하기 위해 설치하는 측선

종류	내용	형태
두단식 정거장 (Stub)	착발선이 막힌 종단형으로 된 정거장을 말하며, 정거장의 주요 건조물은 선로의 종단 쪽에 설치됨	
관통식 정거장 (Through)	착발본선이 정거장을 관통한 것으로 주요 건조물은 선로의 측방향에 설치되며, 고가선 구간에서는 선로의 하부 측에 또 깎기구간에서는 선로의 상부층에 설치하는 경우도 있음	
절선식 정거장 (Switch Back)	산악 등급 기울기선이 연속되어 정거장을 설치할 만한 완기울기로 얻지 못할 때에는 수평 또는 완기울기의 선로를 본선에서 분기시켜 정거장을 설치함	
반환식 정거장 (Reverse)	기울기는 관계가 없고 지형상 이유로 착발선이 반환식으로 된 정거장이나 열차의 운용상으로는 좋지 못하며, 주로 종단정거장에 한함	
섬식 정거장 (Island)	본선로 사이에 승강장과 정거장 본옥을 설치하여 지하도 또는 과선교에 의해 외부와 연락하는 것이 있으나 직통 정거장의 변형에는 좋지 않음	
쐐기식 정거장 (Wedged)	쐐기형으로 된 정거장의 예는 적음	

	상대식	섬식
장점	- 구조단순 - 공간 활용도 좋음 - 승강장 폭이나 길이 확장 용이	- 상행과 하행의 시간대별 이용인원 차이가 클 때, 승강장을 효율적으로 사용 - 섬식 승강장 앞뒤를 회차선 설치공간으로 활용 가능 - 승강장을 하나만 설치하므로, 지하철 구조물의 폭을 줄일 수 있음(도로 폭이 좁은 곳에서 유리) - 상하행 간 평면환승 가능
단점	- 상하행의 시간대별 이용 인원차이가 클 때 승강장 이용률 저하 - 종착역일 경우, 열차 도착선로 선택의 유연성이 떨어짐	- 승강장 앞뒤로 선로 곡선 발생 - 승강장 앞뒤로 불필요한 공간 발생으로 비효율적 - 승강장 폭이나 길이 확장 곤란

1.2 정거장의 시설

1) 정거장의 시설별 분류

시설 명			시설 명	
승객관련시설	승객시설	대합실(Free-Area)	접객시설	개 · 집표구
		승강장		매표실
		연결통로		자동발매기실
		풀입구		안내소
		대합실(Paid-Area)	업무관련시설	역무종합관리실
	승객서비스시설	서비스시설 — 고객상담실		통신기계실
		공중전화		운전신호실
		연금지급기(ATM)		침실
		물품보관소		용역원 대기실
		자동사진기		창고
		유실물취급소		샤워실/탈의실
		매점	역무시설	당직실
		화장실		문서고
	공공시설	무인우체국		비품창고
		이동통신기지국		식당 및 주방
		구청현장민원실		교양휴게실
		지하철수사대		
	공용	공조기계실		
		전기관련실		
		복도 · 계단		

2) 정거장 배선의 기본사항

① 본선과 본선의 평면교차는 피해야 함
② 정거장 구내 투시가 양호할 것
③ 통과열차가 통과하는 본선은 직선 또는 반경이 큰 곡선일 것
④ 본선상에 설치하는 분기기는 가능한 한 그 수를 줄이고 배향분기기로 할 것
⑤ 분기기를 구내에 산재시키지 말고, 가능하면 집중 배치할 것
⑥ 반대방향의 열차가 서로 안전하게 착발토록 할 것
⑦ 객차와 화차의 입환 또는 기관차 주행에 대하여는 본선을 횡단치 말도록 할 것
⑧ 각개의 작업은 서로 타 작업을 방해하지 않도록 하고 2종 이상의 작업이 동시에 수행할 수 있도록 할 것
⑨ 장래 역세확장에 대비할 것
⑩ 측선은 될 수 있는 한 본선 한쪽에 배치하여 본선횡단을 적게 할 것
⑪ 사고발생의 경우를 고려하여 응급연결선을 설치할 필요가 있음

1.3 철도정거장 설비

1) 정거장 설비의 개요

- 정거장 설비는 수송에 직접관계가 있는 영업, 운전, 보수, 각 계통의 현장기관과 여객 및 화물취급에 필요한 제 설비를 말하며 대별하면 여객설비, 화물설비, 운전설비, 궤도설비 등으로 구분됨

2) 여객설비란 무엇일까?

① 여객설비의 개념
- 여객을 취급하는 데 필요한 설비는 정거장 본체, 여객 홈, 여객통로, 역전광장 등
- 정거장 본옥
  - 정거장 본옥은 출 개찰 개집표등의 업무를 하며, 여객의 대합실, 콩코스, 역무실 등을 설치한 건물
  - 정거장 본옥으로 바람직한 조건은 여객의 원활한 유통업 업무가 능률적인 기능을 갖도록 함
  - 동시에 정거장 본옥 형태는 기능면에서 획일화가 우선 채용되어야 하나 근래 개성화의 경향이 강함

② 여객설비 시 고려사항
- 정거장 본옥 내나 여객 홈까지 여객의 보행거리가 짧아야 함
- 여객의 흐름이 서로 교차 또는 지장이 없어야 함
- 승객의 질적 분리를 도모해야 함
- 출 개찰 등의 배치가 알기 쉽고 여객의 미로가 없어야 함
- 조명, 물통, 공조, 색채, 디자인 등에 유의해야 함
- 2차 교통기관과의 연락이 역전광장 등을 통하기 편리해야 함

3) 승강장 설비란 무엇일까?

① 승강장 설비의 구성 및 설비조건
- 여객이 열차에 승강하기 위하여 열차를 대기, 승환하는 장소
- 높이, 폭
  - 고상식과 저상식이 있으며, 전동차 구간에서는 고상식이 채용
  - 국철에서는 승강장 높이는 레일 면에서 50cm로 함(단, 전차전용의 경우 1.35m로 하고 있음)
  - 승강장의 폭은 그 역에서 동시에 발착하는 여객열차의 수와 1개 열차당 승차 인원수에 따라 승강장의 집합면적과 하차객의 유동 폭을 고려 결정
- 길이
  - 착발하는 최장열차의 길이보다 10~20m 길게 함
- 승강장 시설물의 간격
  - 주류는 승강장 연단에서 1m 이상, 역사, 구름다리, 지하도, 출입구, 화장실 등은 1.5m 이상의 상당한 거리를 두어야 함
- 승강장의 연단과 궤도 중심 간의 거리
  - 직선부에서 승강장 연단과 궤도중심 간 거리 1,675mm
  - 고승강인 경우 1,700mm
  - 곡선에서는 W=50,000/R(mm)만큼 확대

② 본옥과 여객 홈과의 연락
- 계단기울기 1:2 정도, 경사로 1/8 이하
- 경사로: 높이 차가 1m 이하일 때 1/8 이하이고, 1m 이상일 때 1/12 이하
- 고처 차 큰 곳 에스컬레이터 설치

2. 화물시설

2.1 화차조차장

1) 화차조차장이란?

- 전국 각 역에서 각 방면으로 유통되는 화물을 가장 신속하고 능률적으로 수송하기 위해 행선지가 다른 다수의 화차로 편성되어 있어 화물열차를 재편성하는 작업장소를 말함

- 모든 열차가 각 역에서 연결 및 해방작업을 한다면 작업이 복잡해짐
- 화물 수송시간도 길어져 수송효율이 저하됨

따라서 각 역에서 발생하는 화차는 일단 가까운 조차장에서 방향별, 역별로 재편성하여 직통운송 및 각 역에서의 작업이 편리하도록 함으로써 수송의 효율을 높이는 데 그 의의가 있음

2) 화차조차장의 적합위치 선정

- 산업과 소비가 집결되는 도시 주변에 위치하면 좋음
- 주요 선로의 시 종점 또는 분기점 및 중간점
- 해양수송과의 중계점 등 화차의 집산이 많은 곳

3) 화차조차장의 종류

	평면조차장	험프(Hump)조차장	중력조차장
개념	인상선 이용, 입환기관차로 돌방작업으로 분별	분별선과 압상선 사이에 Hump를 두어 입환기관차로 압상 후 자주에 의하여 분별	지형을 이용하여 기울기를 주어, 자연 운주하도록 하는 방법, 압상기가 필요함
특징	· 설비가 쌈 · 구내배선 기울기 3% · 1일 2,000~2,500량	· 건설비가 큼 · 열차 완전분해 시 유리 · 제동은 Retarder System이 사용되며 자동화되어야 함	· 경영비가 쌈 · 지형 부적당 시 건설비 고가 · 보안상 문제가 있음

4) 화차조차장의 작업

- 조성표 통보: 도착 전 전신으로 조성순서, 차종, 차번호 통보
- 분해표 작성: 방향별, 역별
- 화차분별작업: 입환기관차로 2km/h로 압상, Point가 분해표에 따라 전환
- 화차조성작업: 환산량 수 고려 조성
- 출발작업: 각 출발선에서 점검, 브레이크 시험 후 출발

5) 화차조차장의 선군

- 도착선: 1일 평균 15개 열차
- 출발선: 1일 1개 선당 10개 열차
- 분별선: 60여 개 선을 분기로 묶어 인상선에 연결 분별
- 인상선: 인상, 분해, 양자겸용 3종류가 있다
- 수수선: 상하 또는 선을 구분하는 수용선
- 특수배선: 재래 병렬을 직렬배선으로 한 것, D형 화살형, S형 화살형 배선이 있음

6) 화차조차장 설치 시 유의사항

- 각 선 상호 간에 지장을 주지 않아야 함
- 조차장 구내의 작업이 경합되지 않을 것
- 입환기관차의 무용한 주행이 적을 것
- 조차장 전체의 각 설비가 균형을 이루도록 할 것
- 건설비가 저렴할 것

7) 화차조차법

① 화차의 분별
- 방향별 분별: 화차의 선행지가 여러 방향으로 나누어져 있을 때, 이들을 분별하여 방향별의 무리로 정리하는 작업
- 역별 분별: 다음 조차장까지의 중간 각 역의 순위로 화차를 정리하는 작업

② 화차의 분해 작업방법

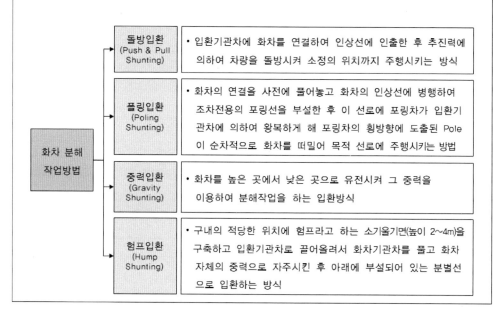

화차 분해 작업방법	돌방입환 (Push & Pull Shunting)	• 입환기관차에 화차를 연결하여 인상선에 인출한 후 추진력에 의하여 차량을 돌방시켜 소정의 위치까지 주행시키는 방식
	폴링입환 (Poling Shunting)	• 화차의 연결을 사전에 풀어놓고 화차의 인상선에 병행하여 조차전용의 포링선을 부설한 후 이 선로로 포링차가 입환기관차에 의하여 왕복하게 해 포링차의 횡방향에 도출된 Pole이 순차적으로 화차를 떠밀어 목적 선로에 주행시키는 방법
	중력입환 (Gravity Shunting)	• 화차를 높은 곳에서 낮은 곳으로 유전시켜 그 중력을 이용하여 분해작업을 하는 입환방식
	험프입환 (Hump Shunting)	• 구내의 적당한 위치에 험프라고 하는 소기울기면(높이 2~4m)을 구축하고 입환기관차로 끌어올려서 화차기관차를 풀고 화차 자체의 중력으로 자주시킨 후 아래에 부설되어 있는 분별선으로 입환하는 방식

8) 화차조차장의 효율성 향상을 위한 방안

- 화차조차장에서는 조차작업이 야간에 집중적으로 이루어지므로 분해작업에 많은 인력이 필요하며 인사사고의 위험이 뒤따르게 됨
- 그러므로 기계에 의한 자동화 및 정보처리의 자동화로 사고의 저감 및 효율 향상을 도모해야 함

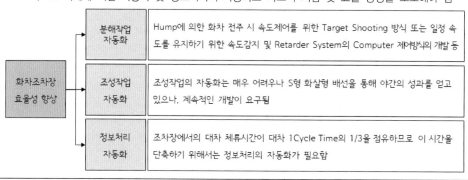

화차조차장 효율성 향상	분해작업 자동화	Hump에 의한 화차 전주 시 속도제어를 위한 Target Shooting 방식 또는 일정 속도를 유지하기 위한 속도감지 및 Retarder System의 Computer 제어방식의 개발 등
	조성작업 자동화	조성작업의 자동화는 매우 어려우나 S형 화살형 배선을 통해 야간의 성과를 얻고 있으나, 계속적인 개발이 요구됨
	정보처리 자동화	조차장에서의 대차 체류시간이 대차 1Cycle Time의 1/3을 점유하므로 이 시간을 단축하기 위해서는 정보처리의 자동화가 필요함

2.2 화물설비

1) 화물역의 종류

① 주로 컨테이너를 취급하는 역
② 물자별 화물을 취급하는 역
③ 기타의 화물을 취급하는 역
④ 각종의 화물을 취급하는 복합역
⑤ 전용선을 갖는 역 등으로 분류

2) 화물취급설비

① 주로 취급하는 임무
• 접수연락사무소, 화물의 적하, 화물취급, 화물의 보관 등

② 소요설비
• 역 본옥, 화물적하설비, 화물취급설비, 화물보관설비 등

3) 하역기계의 종류

① Container
• 1~10ton 소정 크기의 철재상자로서 하조비와 소운반비 절약

② Pallet
• 1~1.5ton을 목재하역대에 담아 Folk Lift를 사용하여 Truck과 하차 간의 적하를 능률적으로 함

③ Folk Lift(지게차)
• 수평으로 된 포크상부에 화물을 올려놓고 mast에 의하여 들어 올려 화물을 적하하고 이동시킬 수 있는 하역기계

④ Crane
• 목재, 철강 및 기계류 등의 화물을 적하할 때에는 지브크레인, 문형크레인 등

⑤ Conveyor
• 하조를 하지 않고 취급하는 화물 또는 소화물의 하역에 사용되며 벨트컨베이어, 에프롱컨베이어 등

⑥ Tow veyor
• 포장된 노면에 홈을 파서 이 홈 중에 체인컨베이어를 환상으로 설치하고 chain conveyor에 의하여 트로리를 이동시키는 것

⑦ Piggy Back and Flexi-van
• 수송단위가 큰 역에서 사용되며 도로와 철도의 협동수송체계로서 미국이나 유럽에서 사용

3. 차량기지

1) 차량기지의 기능

① 유치기능(유치선)
② 검사기능: 일상검사 3일/회, 월상검사 3개월/회
③ 전삭기능: 차륜의 편마모 및 찰상부정비
④ 수선기능: 전반검사 6년/회, 중간검사 3년/회
⑤ 세척기능: 세척기, 세척대, 내부청소선

2) 차량기지의 작업순서

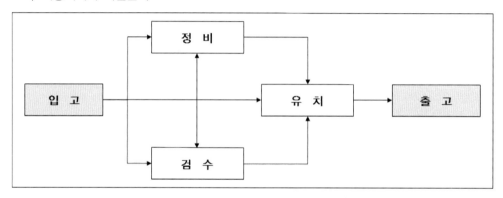

3) 차량기지 부속시설물

① 차량승무소
② 현업분소
③ 모터카고
④ 복리후생동
⑤ 변전/동력/전기실
⑥ 각종 휴식공간
⑦ 폐수처리장
⑧ 종합관리동
⑨ 수위실

4) 차량검수설비

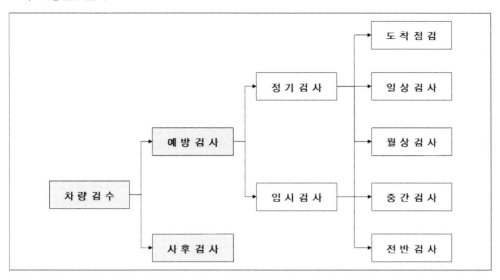

5) 차량기지 배선계획 및 위치 선정

① 차량기지 최종규모 확인 후 배선계획에 임하며 장래 증설 시의 건물배치, 편성길이의 조정이 가능하도록 함
② 선군의 위치는 작업의 흐름에 따라 입고 → 정비·보수 → 유치 → 출고가 능률적으로 수행되도록 하여야 함
③ 작업의 경합이 되지 않도록 각 선군의 배치
④ 유치선의 기울기는 가능한 한 수평으로 함
⑤ 유치선은 원칙적으로 양개분기하고 1선 수용능력은 1~2편성 정도
⑥ 차량전삭선은 가능한 검사고에 인접하여 설치하고 편성단위의 작업원칙으로 최대 편성량의 2배 연장으로 계획, 기 유치선간에는 각 작업에 지장이 없도록 4~5m 이격시킴

차량기지의 위치 선정

구분	위치 선정 시 고려사항
규모	주공장이 있을 경우 200평/량
	주공장이 없을 경우 140평/량
부지 선정	광활하고 입환이 가능한 지역
	스트레이트 입환이 가능한 지역
	시종점 역과 인접한 지역일 것, 수해 등 재해예방이 가능한 안전지대
	장래 확장에 무리가 없는 지역일 것
	종사원의 출퇴근 및 기계의 도로반입이 수월한 지역일 것
	기존도로와 접근이 용이한 곳
	토지매수가 자은하고 보상비 등 부자비가 저렴한 곳

4. 철도환승체계

4.1 환승문제

1) 철도환승체계의 문제점

- 대중교통 수단들은 각기 고유한 기능과 특성을 갖고 있으나, 철도는 노선이 고정되어 있지만 대규모의 통행을 처리할 수 있다는 장점을 갖고 있음
- 버스는 노선변경이 보다 유연하지만 철도보다는 통행용량이 작음
- 이 같은 대중교통 수단의 특성을 유기적 연계, 즉 환승이 보다 자유로워질 때 그 장점이 더욱 부각되는 것임

2) 철도환승체계 문제점의 유형 및 종류

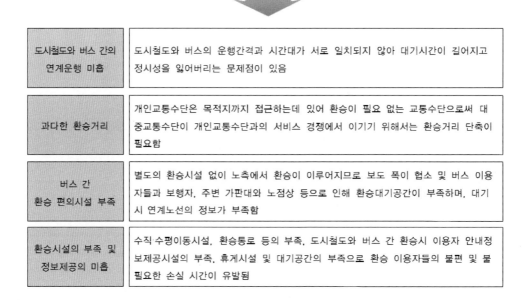

철도환승체계의 문제점은 어떤 것이 있을까?	
도시철도와 버스 간의 연계운행 미흡	도시철도와 버스의 운행간격과 시간대가 서로 일치되지 않아 대기시간이 길어지고 정시성을 잃어버리는 문제점이 있음
과다한 환승거리	개인교통수단은 목적지까지 접근하는데 있어 환승이 필요 없는 교통수단으로써 대중교통수단이 개인교통수단과의 서비스 경쟁에서 이기기 위해서는 환승거리 단축이 필요함
버스 간 환승 편의시설 부족	별도의 환승시설 없이 노측에서 환승이 이루어지므로 보도 폭이 협소 및 버스 이용자들과 보행자, 주변 가판대와 노점상 등으로 인해 환승대기공간이 부족하며, 대기시 연계노선의 정보가 부족함
환승시설의 부족 및 정보제공의 미흡	수직·수평이동시설, 환승통로 등의 부족, 도시철도와 버스 간 환승시 이용자 안내정보제공시설의 부족, 휴게시설 및 대기공간의 부족으로 환승 이용자들의 불편 및 불필요한 손실 시간이 유발됨

4.2 철도환승체계의 개선방향

1) 버스노선과의 연계를 통한 개선

- 통합대중교통체계(integrated public transit system)를 정립한다는 정책목표하에 버스와 지하철이 서로 경쟁적인 관계에서 상호보완적인 노선체계로 설정되어야 함
- 상호보완적인 노선체계를 구축하기 위해서는 버스노선을 적절한 지하철역에 연계시키는 이른바 지선버스(feeder bus) 노선을 설정해야 할 필요가 있음
- 역세권으로 적합한 지하철역은
  첫째, 연계수송이 편리해야 하고,
  둘째, 생활권역에 따른 거점개발지역이어야 하며,
  셋째, 버스정류장과 지하철을 접근시킬 수 있는 지점이어야 함

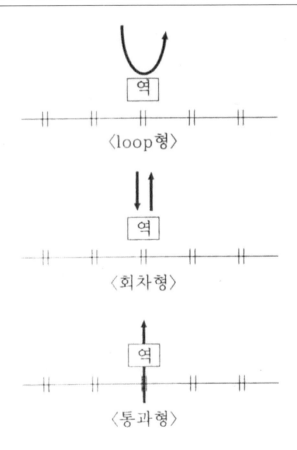

〈loop형〉

〈회차형〉

〈통과형〉

2) 연계버스노선과 철도시설과의 설계 시 고려사항

① 환승대기 시간을 줄이기 위하여 지하철 운행시간과 연계버스 운행시간이 상호 조정되어야 함
② 연계노선과 지하철노선은 되도록 직선으로 연결하는 것이 우회를 방지할 수 있어 효과적이며, 환승에 따른 승객의 불편성을 줄이기 위하여 환승거리를 줄여야 함
③ 통행보조시설(E/V, E/S 등)을 대폭 확충하여 타 차량과 승객의 충돌을 최소화하는 방향으로 환승장소를 설계하여야 함
④ 환승장소는 되도록 승객을 자연스럽게 유도할 수 있도록 각종 표지판이나 안내시설을 설치하여야 하며, 고령자 · 장애인 등의 교통약자의 교통시설 접근성과 이용편리성, 안전성 제고를 위한 시설이 마련되어야 함

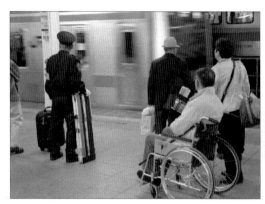 

3) 환승센터를 통한 개선

① 도시교통체계상에서 환승센터는 궤도교통체계에서 역이 갖는 것과 대등한 기능을 갖고 있으며, 역이 없는 궤도교통을 생각할 수 없듯이 환승센터가 제대로 갖추어지지 않은 대중교통체계는 대중교통의 주행만 용납하고 정지, 교차, 환승을 고려하지 못하므로 제 구실을 원활히 할 수 없게 됨
② 바람직한 환승센터 설립의 방향은 적정수의 환승시설을 적정 위치에 확보함과 아울러 버스노선과 지하철역이 연결되어야 하고, 승용차(자가용, 택시)도 환승이 이루어질 수 있도록 해야 하고, 이 같은 환승센터에는 승객이 집중하게 되어 이들을 대상으로 각종 상가, 문화시설 등을 형성할 수 있음
③ 백화점, 서점, 각종 식당가, 영화관, 컨벤션 센터, 행사 오락시설 등이 들어서서 환승승객의 편의를 도모해 줌과 동시에 민간투자유인이 될 수 있으며, 이러한 개발방식을 복합개발(joint development)이라고 부르는데, 지역 활성화, 교통기반시설 확충의 두 마리 토끼를 노릴 수 있는 복합개발방식의 확대 추진이 바람직함

4.3 환승센터 사례

1) 청량리역 환승센터

① 기존에 노변에 있던 버스정거장을 정리하여 건설되었으며, 하루 약 5만 명이 이용하는 대규모 버스-지하철 환승시설
② 환승형태로는 '버스↔지하철, 전철↔택시'로 버스를 중점으로 계획되었지만, 기존의 지하철역과 전철역, 택시정류소가 가까이에 있기 때문에, 따로 계획에 포함하지 않아도 충분한 공급을 할 수 있음
③ 하지만 지방지역에서 서울로 이동하는 사람들도 많으므로 버스노선을 한곳에서 파악할 수 있는 안내판의 설치가 필요함

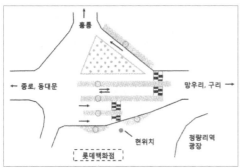

청량리 환승센터의 동선체계

청량리 환승센터

2) 여의도 환승센터

· 버스중앙차로제가 실시되고 공항승강장을 연상시키는 환승센터가 문을 열면서 여의도공원 앞 차로가 정돈되었음

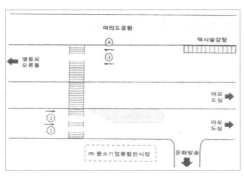

여의도 환승센터의 동선체계

여의도 환승센터

3) 교토역 환승센터

① 교토역 빌딩에는 호텔과 백화점 등의 상업시설, 문화시설, 교통 환승시설 등이 있는데 역 시설은 지역 문화 및 정보·통신의 중심지로서 다양한 사람들과 문화가 자유롭게 교류하고 정보를 교환함
② 교토역 중앙홀은 웅장한 공간구조, 계단, 동쪽 광장과 남쪽 산책로를 연결시키고 있어 교토역사의 감각적 풍요로움을 더해주고 있음

일본의 교토역 앞 택시연계시설

일본의 교토역 앞 버스연계시설

4) 영국 Canning Town 역

· 이용자들이 지하가 아닌 지상건물에 있는 쾌적한 느낌으로 지하철을 이용할 수 있도록, 역사 출입구와 대합실을 일체 개방형으로 건축하여 채광효과를 높이고 심리적 안정감을 제고시킴

영국의 Canning Town 환승역

5) 브라질의 상파울루 시 버스환승터미널

① 도심 내에 대규모 버스환승터미널이 설치되어 있으며, 이 터미널에서 각 노선의 버스들이 집결 · 분산되어 있음
② 환승체계는 버스와 버스, 버스와 지하철의 직접환승이 가능하고, 외곽지역으로부터 지역 간 버스가 중앙버스전용차선을 이용하며 본 환승터미널에 도착하여 도시 내 교통수단 간 환승이 이루어지고 있음

브라질의 버스환승터미널

1. 정거장이 왜 필요한지에 대해 논해 보자.

2. 정거장의 기능과 역할에 대해 논해 보자.

3. 정거장의 종류에는 어떤 것이 있는지 논해 보고, 종류별 기능에 대해 설명하여 보자.

4. 정거장 건설 시 위치선정의 중요성과 위치선정 시 고려사항에 대해 살펴보자.

5. 상대식 정거장과 섬식 정거장의 차이에 대해 논해 보자.

6. 정거장의 분류 중 선로에 의한 분류에는 어떤 것이 있는지 논해 보자.

7. 본선(주본선)과 측선(부본선)의 차이와 설치 가능 선로에 대해 논해 보자.

8. 정거장의 종류에 따른 구조 및 형태에 대해 생각해 보자.

9. 두단식 정거장과 관통식 정거장은 어떤 차이가 있는지 살펴보자.

10. 정거장 내부시설에는 어떤 것들이 있는지 논해 보자.

11. 여객설비란 무엇인지 설명하고, 설비 시 고려사항에 대해 논해 보자.

12. 승강장을 설비할 때 구성 및 기본조건에 대해 논해 보자.

13. 정거장 배선 설계 시 기본사항에 대해 살펴보자.

14. 화차조차장의 종류는 어떤 기준으로 분류되며, 종류별 특징에 대해 생각해 보자.

15. 화차조차장을 설치하기에 적합한 위치는 어디인지 생각해 보자.

16. 화차조차장에서 이루어지는 작업의 종류를 살펴보자.

17. 화차조차장의 선군은 무엇을 의미하는지 생각해 보고, 선군별 특징에 대해 논해 보자.

18. 화차조차장의 설치기준과 개선방안에 대해 논해 보자.

19. 차량기지의 정의와 설계 시 고려사항에 대해 논해 보자.

20. 철도환승시설은 왜 필요한지 생각해 보고, 현재 환승시설의 문제점에 대해 논해 보자.

21. 철도환승시설과 버스노선과의 연계 방안에 대해 생각해 보자.

22. 환승센터 건설이 가져오는 효과는 어떤 것이 있을지 논해 보자.

2장 / 철도설비

고속철도 (프랑스 TGV)

1. 신호전기설비

1.1 신호전기설비의 개요

1) 신호전기설비란?

- 철도의 신호보안은 열차운전의 안전 확보와 효율적인 운행을 도모하기 위해 불가결한 것으로 열차밀도의 증가와 고속화에 따라 운전보안의 향상과 고효율의 운전을 도모할 수 있음

철도신호의 개요

① 열차의 운행조건을 기관사에게 지시
② 신호기 및 ATC 장치: 형, 색, 음, 주파수
③ 궤도회로 장치: 열차의 위치 검지
④ 선로전환기 장치: 선로를 변경할 수 있도록 분기부 전환
⑤ 연동장치: 신호기와 선로전환기 등을 상호 연쇄
⑥ 폐색장치: 일정 방호구역에 1개 열차만 운행
⑦ ATS, ATC, ATO, TWC, TTC 등

2) 신호시스템의 역사

① 1825년 영국 Stevenson 스톡턴~다링톤 간 신호시스템 도입
② 1841년 완목식 신호기 등장
③ 1872년 윌리엄 로빈슨 궤도회로 발명
④ 1893년 전동기 구동 완목신호기 개발
⑤ 1907년 연동 폐색 사용
⑥ 1927년 열차집중제어장치 실용화
⑦ 1968년 망우~봉양 간 CTC 설치
⑧ 1974년 지하철 1호선 TTC 적용

3) 신호시스템의 발전 추이

구 분	1세대	2세대	3세대	차세대
열차제어장치	ATS	ATC	ATP/ATO	CBTC
신호방식	지상	차상	차상	차상
속도제어	불연속정보 (speed step)	연속정보 (speed step)	연속정보 (distance to go)	
적용노선	서울 1~2호선	서울 3~8호선	인천 1호선/부산 2호선	
연동장치	계전	전자	전자	
궤도장치	절연	무절연	무절연	
ATO	없음	있음 (아날로그 ATO)	있음 (디지털 ATO)	
TWC	없음	있음	있음	
CTC	있음	있음	있음	

1.2 신호전기설비의 분류

신호전기설비의 종류	

신호전기설비	주요설비의 특징
신호장치	• 시각(색, 형상), 청각(음)을 이용하여 운전조건 등을 지시 전달하는 장치 ① 분류: 신호, 전호, 표식 ② 신호방식: 진로신호방식, 속도신호방식, 지상신호방식, 차상신호방식 ③ 신호기 종류 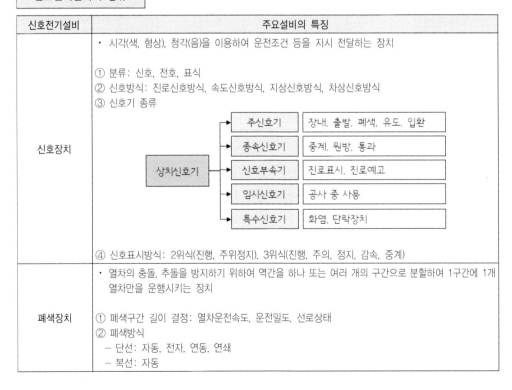 ④ 신호표시방식: 2위식(진행, 주위정지), 3위식(진행, 주의, 정지, 감속, 중계)
폐색장치	• 열차의 충돌, 추돌을 방지하기 위하여 역간을 하나 또는 여러 개의 구간으로 분할하여 1구간에 1개 열차만을 운행시키는 장치 ① 폐색구간 길이 결정: 열차운전속도, 운전밀도, 선로상태 ② 폐색방식 　－ 단선: 자동, 전자, 연동, 연쇄 　－ 복선: 자동

전철장치	• 선로를 분기하기 위해서는 분기기가 설치되고 진로를 전환하는 설비가 필요한데 이 설비를 전철기(포인트)라 함 ① 대규모 역이나 조차장은 전동전철기(전환속도 빠름) ② 전철기 쇄정: 도중 전환 및 밀착이완을 막기 위해 텅레일을 쇄정하고 신호회로와 조합하여 보안도 향상
연동장치	• 전철기와 신호기 등에 각 기기 상호 간의 일정조건을 붙여 단독으로 작동할 수 없도록 한 장치 ① 종류: 기계식, 전기식, 진공식, 최근 사용은 전 기계적 연동장치 ② RC(Remote Control): 인접역 또는 수개소역을 집중제어 ③ CTC(Centralized Traffic Control): 중앙집중제어장치
궤도회로	• 레일을 전기회로의 일부로 사용하여 열차의 차축으로 좌우레일을 단락시켜 전력의 흐름을 변하게 하는 것으로 열차의 존재를 감지하는 장치
ATS(Automatic Train Stopper)	• 열차가 정지신호를 현시한 신호기에 접근한 경우 기관사에게 정보를 주고 일정기간(5초)이 경과해도 확인동작이 없는 경우는 비상 제동하여 정지시키는 장치
ATC(Automatic Train Control)	• 신호현시에 따라 그 구간의 제한속도 지시를 연속적으로 열차에 주어 열차속도가 제한속도를 넘으면 자동적으로 제동이 걸리도록 한 장치
건널목 보안장치	• 철도와 도로와의 입체방식에는 평면에서 교차하는 평면교차(건널목)와 입체적으로 교차하는 입체교차가 있음 ① 종류: 1, 2, 3, 4종 ② 설치: 건널목 차단기, 경보기, 건널목 장애물 검지장치, 건널목 방호스위치, 건널목 집중감시장치
열차방호장치	• 지진, 낙석, 건널목장애, 열차운전에 위험한 상황이 발생할 경우에 작동하고 경보를 발하여 정지신호를 현시하며 열차를 정지시키기 위한 장치 ① 종류: 열차방호스위치, 장애물검지장치, 열차경보장치 등

1.3 철도신호기

1) 철도신호기란?

신호기의 색깔로 열차의 운전조건(진행, 정지, 감속 등)을 지시 또는 전달하여 기관사로 하여금 열차의 안전운행을 돕는 장치

2) 절대신호기

열차의 진행을 허용하는 신호가 현시된 경우 이외는 절대로 신호기 내방에 진입할 수 없는 신호기로 장내, 출발, 엄호신호기 등이 있음

3) 절대신호기의 종류

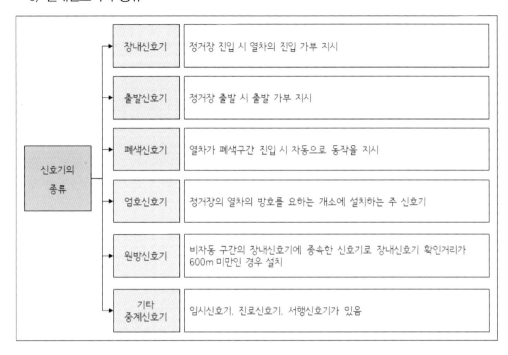

신호기의 종류		
	장내신호기	정거장 진입 시 열차의 진입 가부 지시
	출발신호기	정거장 출발 시 출발 가부 지시
	폐색신호기	열차가 폐색구간 진입 시 자동으로 동작을 지시
	엄호신호기	정거장의 열차의 방호를 요하는 개소에 설치하는 주 신호기
	원방신호기	비자동 구간의 장내신호기에 종속한 신호기로 장내신호기 확인거리가 600m 미만인 경우 설치
	기타 중계신호기	임시신호기, 진로신호기, 서행신호기가 있음

4) 신호현시

- 신호의 현시방법은 2위식과 3위식이 있음
- 열차의 속도가 낮을 때는 진행과 정지 2위식으로 충분하였으나 열차속도의 향상이나 각 진로의 제한속도 등에 따라서 운전상의 속도도 조건에 적합한 많은 3현시가 채용되고 있음
- 현재 가장 많이 사용되고 있는 신호현시가 G진행 Y주의 R정지 3위식임

지상신호기의 현시

- 3현시: G진행 Y주의 R정지
- 4현시: G진행 YG감속(또는 YY경계) Y주의 R정지
- 5현시: G진행 YG감속 Y주의 YY경계 R정지

5) 상치신호기

일정한 지점에 상치하는 신호기로서 주신호기, 종속신호기, 신호부속기의 3종류로 구분

① 주신호기: 일정한 방호구역을 가진 신호기로 이 신호기의 신호현시에 의하여 열차의 안전운전이 보증되며, 보안상 가장 중요한 신호기로서 장내, 출발, 폐색, 엄호, 입환, 유도신호기 등이 있음
② 종속신호기: 주신호에 현시하는 신호의 인식거리가 보충하기 위한 목적으로 주신호기의 외방에 설치되며, 독립하여 설치되어 있기는 하나 방호구역을 갖고 있지 않는 신호기로서 원방신호기, 통과신호기, 중계신호기 등이 있음
③ 신호부속기: 주신호기에 부속되는 것으로서 주신호기의 신호현시만으로는 어느 선로에 진입할 것인가 분명치 않는 경우를 보충하기 위하여, 또는 자동폐색구간에서 주신호기의 신호현시 상태를 중계하여 주는 장치로서 진로표시기 등이 있음

2. 영업설비

2.1 승차권 판매 및 수입집계시스템

1) 자동승차권 판매시스템

자동발권기	역무원에 의하여 직접 운영되는 설비로 모든 종류의 승차권과 설비운영에 필요한 배지(Badge)를 발행할 수 있으며, 발행 가능한 승차권과 배지는 소프트웨어적으로 정의됨
자동발매기	고객이 직접 지폐나 동전을 사용 승차권을 발매하는 기기로 2종류로 구분됨

① 다능식 자동발매기(MF-ATVM)
- 고객이 직접 조작 발매하는 장비로서 동전 및 지폐 병행 사용
- 전 구간(1, 2구역, 철도) 승차권 발행, 1회 승차권 4매까지 발매

② 단능식 자동발매기
- 고객이 직접 조작 발매하는 장비로서 동전 사용
- 1, 2구역 승차권 발행, 1회 승차권 4매까지 발매

2) 국내 수익금집계시스템

- 서울도시철도공사 5, 6, 7, 8호선 전산시스템은 승차권의 형태에 따른 장비에 따라 MS(Magnetic)와 RF(Radio Frequency)로 나누어지며 MS전산기는 제작사에 따라 MS1단계와 MS2단계로 나누어짐

2.2 전기설비

전력감시 제어설비	도시철도 변전소의 대부분이 무인 변전소로 전력계통의 핵심인 전력중앙 감시, 제어설비는 최신 컴퓨터로 감시, 제어함
수·송전설비	전력회사의 변전소로부터 도시철도 변전소에 수전하는 설비와 인근의 도시철도 변전소에 연락 송전하는 설비. 수전선로는 고장이나 정전작업을 고려하여 상용과 예비로 2회선을 설치하였음
배전설비	3상 교류 22.9KV의 전력을 6.6KV로 강압하여 역사 전기실에 배전하는 설비를 말함
변전설비	교류전력을 전동차 운전용에 맞는 전력으로 변성하기 위한 설비를 말하며, 전동차용 전력은 22.9KV 모선에서 교류차단기를 거쳐 정유기용 변압기에서 강압함
전차설비	전차선로는 궤도면상 일정한 높이로 시설되어 전기차량의 판타 그래프와 접촉, 습동하여 전기차량의 모터에 필요한 전원을 공급하기 위한 전선으로, 전차선은 전차선로의 가장 중요한 설비
전력계통제어	도시철도 5~8호선 변전소 및 전기실은 운전자가 상주하지 않으며 각 전기설비의 원격감시 및 제어는 군자동에 위치한 종합사령실의 전력제어실에서 집중 제어함

2.3 정보통신시스템

1) 정보통신의 개요

통신이란?	인간의사, 지식, 감정 또는 각종 자료를 포함한 정보를 공간적 사이에서 주고받는 작용

- 정보통신신호의 의미: 자연현상의 특성을 해석할 수 있는 정보나 사람들 사이에서 의사전달을 위한 정보의 표현, 수단 또는 방법

2) 정보통신시스템의 구성

디지털 전송설비	음성, 영상 및 데이터를 대용량으로 신속하고, 안정되게 전송하기 위한 시스템
화상 전송설비	역사에 설치된 카메라 영상정보를 이용하여 승객의 승하차 상태 및 역사 내 승객의 안전상태를 감시하며, 관리역 및 종합사령실에서 원하는 정보를 제공

2.4 스크린도어(Platform Screen Door)

1) 스크린도어의 개요

스크린도어 설비는 승강장 선단에 고정벽과 자동문을 설치하여 승강장과 선로부를 차단함으로써 승객의 안전, 승강장 환경개선 및 에너지를 절감하기 위한 시설

선로 측 스크린도어의 구성

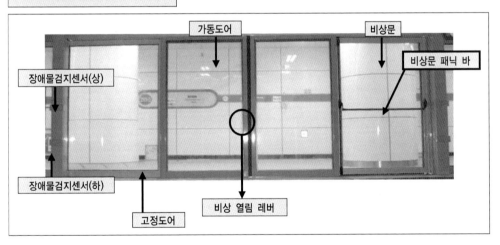

2) 승강장 측 스크린도어 구성

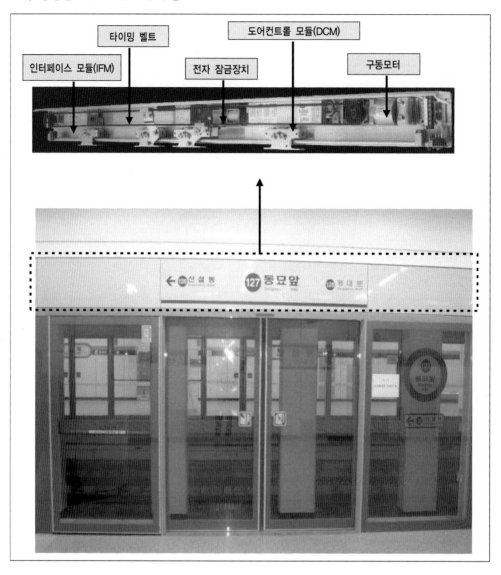

2.5 기타 설비시스템

환기 및 냉방설비	냉방을 하게 되면 쾌적한 환경과 장비수명의 연장과 유지관리비의 절감, 그리고 대중교통 선호도의 증가의 효과가 있음. 초기 투자비는 많이 들지만 장기적으로는 유리함
급배수 위생설비	상수를 공급하고 사용 잡배수와 오수를 처리하는 급수 및 배수설비로 구분되며, 환경위상상 안전하고 사용이 편리하고, 유지관리가 용이하도록 해야 함
승강설비	승객이 많고 심도가 깊은 정거장에는 승객들의 혼잡 해소 및 편의를 위하여 승강설비를 설치. 승강설비는 수송능력과 안전, 연속운전, 내구성 등이 갖추어져야 함
자동제어설비	설비의 운영효율 극대화, 에너지 절약, 인력절감, 쾌적한 환경유지 및 비상시 적절한 대응체계 확립을 위하여 도입

3. 보안설비

3.1 궤도회로장치

1) 궤도회로의 원리

① 레일을 전기회로의 일부로 이용하여 회로를 구성
② 차량의 차축에 의하여 레일 간을 단락시키는 데 따라 신호기, 선로전환기 등을 직접 또는 간접으로 제어할 목적으로 만들어진 열차검지용
③ 1869년 미국에서 개전로식으로 발명된 이래 폐전로식 → 무절연 궤도회로

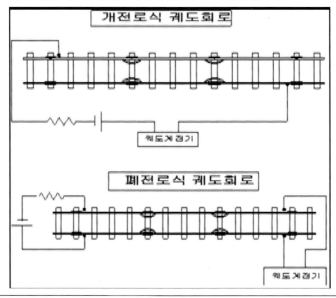

2) 절연 유무에 따른 분류

① 유절연방식
· 복궤조방식의 레일 경계에 임피던스본드 및 절연물을 삽입하여 신호전류는 다음 궤도로 흐르지 못하도록 하고 신호기계실로 유도, 계전기 동작
· 전차선 전류는 임피던스본드를 통하여 인접궤도로 흐르게 함

② 무절연방식
· 레일을 장대화, 가청주차수 적용, 트랜스포머

3) 궤도회로의 종류

① 직류궤도회로
② 교류궤도회로
③ 임펄스궤도회로
④ AF(Audio Frequency) 궤도회로

여기서, AF(Audio Frequency) 궤도회로란?
- 최근 주로 사용되고 있는 회로로서, 무절연 궤도회로 레일을 장대화
- ATC 방식, ATO 자동운전, 무인운전사용, 차내 신호방식
- 복궤조 궤도회로
- 열차검지, 차상신호 속도코드 송신, 서행속도 명령기능, 출입문 개폐, 운전실 제어권 선택기능, ATS 기능

4) 궤도회로의 구성

① Cardfile
- 한 궤도회로의 표준 Cardfile은 10장의 PCB로 구성
- 이중계로 구성, MAIN 측에 이상 시 Back Up으로 절제

② 미니본드
- Cardfile에서 생성된 열차검지용 주파수와 주파수를 레일로 송수신하는 장치로서 레일에 부착

※ 여기서 Bond란 선로의 이음매부의 전기저항을 적게 하기 위하여 레일과 레일 간을 이어주는 전기도체임
- Raid Bond
- 신호 Bond
- Cross Bond
- Jumper Bond
- Impedance Bond

3.2 연동장치

1) 연동장치란?

- 정차장 구내에 열차의 운행과 차량의 입환을 안전하고 신속하게 하기 위한 신호기, 선로전환기, 궤도회로 등의 장치를 기계적, 전기적, 전자적으로 상호 연쇄하여 동작하도록 한 장치
- 잘못된 조작에는 쇄정을 하여 조작되지 않도록 연쇄하며, 연쇄관계를 유지하면서 동작하게 하는 것을 연동이라 하며 전기적 또는 기계적으로 연쇄관계를 한 장치를 총칭하여 연동장치라 함

2) 연쇄의 종류

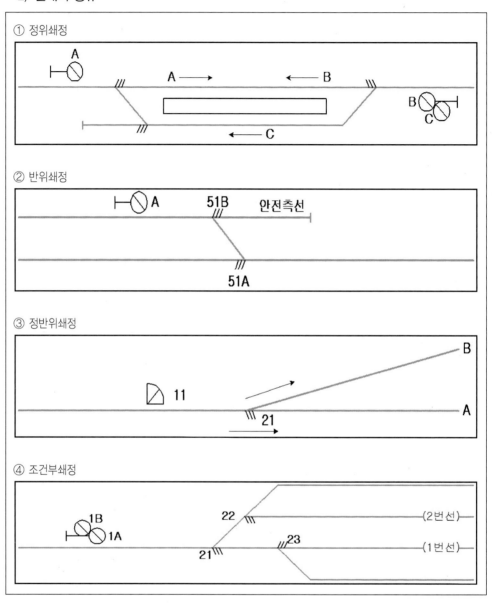

① 정위쇄정

② 반위쇄정

③ 정반위쇄정

④ 조건부쇄정

3) 쇄정의 종류

① 철사쇄정(Detect Locking)
- 선로전환기가 있는 궤도회로를 열차가 점유하고 있을 때 그 선로전환기를 전환할 수 없도록 하는 것

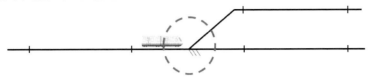

② 진로쇄정(Route Locking)
- 열차가 신호기의 진행 현시에 따라 그 진로에 진입한 경우 관계 선로전환기가 모든 궤도회로를 통과할 때까지 그 진로를 쇄정하는 것

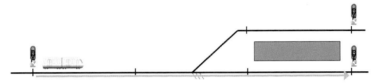

③ 진로구분쇄정(Sectional Route Locking)
- 열차가 신호기의 진행 현시에 따라 그 진로에 진입하였을 경우 관계 선로전환기 등을 전환할 수 없도록 하고, 열차가 진로의 일정구간을 통과하였을 때 그 구간 내의 선로전환기를 전환할 수 있도록 해정하는 것

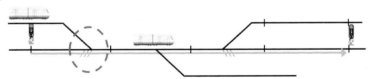

④ 접근쇄정(Approach Locking)
- 신호기 진행 현시 때 열차가 신호기 외방 일정구간에 진입한 경우

- 열차가 신호기 외방 일정구간에 진입한 후 신호기에 진행 현시될 때

⑤ 보류쇄정(Stick Locking)
- 신호기 또는 입환 표지에 일단 진행을 지시하는 신호를 현시한 후 열차가 그 신호기 또는 입환 신호기의 진로에 진입하든가 또는 신호기 외방 접근궤도에 열차의 점유와 관계없이 신호기나 입환 신호기에 정지 신호를 현시한 후 상당시간이 경과할 때까지 진로 내의 선로전환기 등을 전환할 수 없도록 하는 것

4) 전기연동장치와 전자연동장치의 장단점 비교

구분	전기연동장치	전자연동장치
하드웨어	– 대형, 중량 – 다량의 계전기를 설치하여 상호연동 또는 쇄정토록 결선	– 소형, 경량(신호 계전기실 면적 축소) – 연동장치의 지역 데이터가 내장된 해당 모듈들을 표준 커넥터로 연결
제어	– 현장설비 연결은 케이블로 계전기실과 연결	– 현장설비와의 연결은 데이터 통신 또는 케이블 결선
안전성 및 보수성	– 안전 측 동작 특성은 우수하나 계전기고장 시 전체 시스템의 고장으로 연결 – 고장발견에 장시간 소요	– 주요부분 다중화 또는 2중화로 신뢰성 확보 – 이중출력으로 시스템 운용에 영향 없이 모듈 교체 가능 – 고장 메시지에 의한 장애발생 시간 및 위치 등을 정확히 알 수 있고 신속한 보수유지 가능
운용체계	– 운용 중 기기 점검 불가능	– 시스템 동작상태 등을 자체 진단으로 운용자 장치에 자동기록 – 데이터 분석으로 고장진단 및 예방 점검가능
기능	– 열차운전을 위한 최소한의 감시와 신호설비의 제어	– 광범위한 시스템 자기진단 기능 – 승객에게 열차운행정보 제공
호환성	– 역 구내 선로모양 변경 시 수급 및 설치에 많은 경비와 기간 소요	– 역 조건의 변동에 따른 데이터만 수정 – 연동장치 계속 사용 가능

3.3 신호제어설비

1) 신호제어설비의 분류

- 신호기장치, 선로전환장치, 궤도회로장치, 폐색장치, 연동장치, 건널목장치, 열차자동정지장치, 열차집중제어장치 등으로 분류

2) 신호기장치의 분류

구분	형에 의한 것	색에 의한 것	형과 색에 의한 것	음에 의한 것
신호	진로표시기	색등식 신호기	완목식 신호기 입환신호기	발뇌신호
전호	제동시험전호	이동금지전호 추진운전전호	입환전호	기적신호
표지	차막이표지	서행허용표지	선로전환기표지 입환표지	–

3) 신호기의 종류

운전조건을 지시하는 것으로 상치신호와 임시신호기, 특수신호로 분류

- 장내신호기
- 출발신호기
- 폐색신호기
- 유도신호기
- 엄호신호기
- 입환신호기
- 차내신호기
- 진로표시기
- 원방신호기
- 통과신호기
- 중계신호기
- 특수신호기
- 진로개통표시기
- 임시신호기

4) LCTC Computer 구성

① 신호기 기계실, 2중계

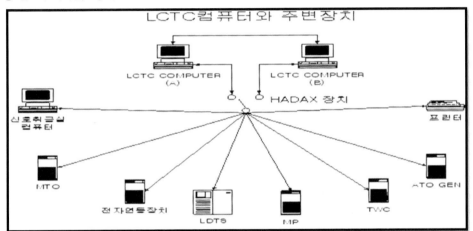

② TTC 및 LCP로부터 제어명령 처리
- 선로전환기 정위, 반위 전환요청
- 진로설정 및 취소
- 출입문 닫힘, 열림
- Local, CTC Control Mode

③ 표시정보처리, 열차운행상황
④ 열차스케줄 관리
⑤ 주변신호 장치와 인터페이스
⑥ 사고 시 기록, 저장, 출력

3.4 폐색장치

1) 폐색장치란 무엇일까?

> 폐색구간에 하나의 열차가 있을 때에는 다른 열차를 그 구간에 진입하지 못하게 하기 위한 장치로서, 단선폐색방식, 복선폐색방식, 대용폐색방식으로 구분됨

① 단선폐색방식
- 통표폐색식: 양측 역 합의 후 통표발급 통과
- 연동폐색식: 양측의 폐색 Lever와 신호현시체계 단일화
- 자동폐색식: 궤도회로를 이용하여 폐색 및 신호자동동작

② 복선폐색방식
- 쌍신폐색식: 양측 역과 전화기 및 표시기로 구성된 쌍신폐색기 설치 후 전기적으로 접속 1조로 사용
- 연동폐색식과 자동폐색식이 있으나 단선폐색방식과 동일함

③ 대용폐색식
- 통신식: 전화 또는 전신에 의해 양단 정거장 간에 폐색장치
- 사령식: 사령자가 전화로 연락, 운전사령권 발행 통과
- 지도통신식: 전화·전신에 의해 폐색하고 완장 착용지도자 동승
- 지도식: 통표준비 없을 때 1명의 지도자를 통표 대신 활용

2) 폐색장치 운행방식

① 고정폐색식
- 시간간격법
- 공간간격법

② 이동폐색식
- 설비의 구성
- 선행열차의 위치 검출
- 선구의 제한속도
- 제한속도와 운행위치의 계산
- 속도 및 패턴의 비교

3) 고정폐색(Fixed Block)과 이동폐색(Moving Block)

① 고정폐색식
- 열차가 선로에 존재하는지 여부의 정보에 의해 열차간격을 제어하는 방식
- 폐색구간이 지상구간에 고정되어 있다는 의미
- 폐색구간 길이 이상으로 열차간격을 좁힐 수 없음(열차가 폐색구간의 진입직후이든, 탈출직전이든 간에 후행열차의 진입을 허용하지 않음)

② 이동폐색식
- 열차의 이동에 따라 폐색구간도 함께 이동하는 방식
- 후행열차가 선행열차의 현재위치를 파악하고 선행열차와의 간격을 연속적으로 제어하는 방식

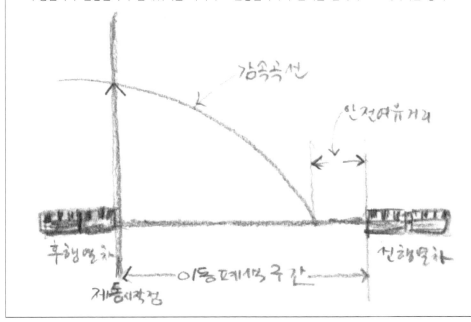

4) 자동폐색장치의 분류

① 자동폐색장치
- 궤도회로에 의해 각 폐색구간 내 열차존재 유무를 자동으로 검지하여 폐색을 수행
- 자동신호기는 정지＝R 주의＝Y, 진행＝G의 3현시로 운영됨

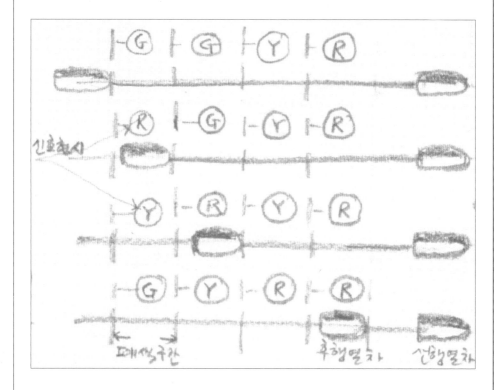

② 특수자동폐색장치
- 단선구간에 사용되는 장치
- 역 구내 연속궤도회로로서 자동폐색 수준으로 구성하고 양단역의 출발신호기 부근에 2종류의 검지궤도회로를 설치해 열차의 진입·진출을 검지함

③ 전자폐색장치
- 특수자동폐색장치를 기본으로 하되, 역무원이 출발신호기를 "진행"으로 조작하는 대신 열차승무원이 무선차탑재기(전자화식별 부호발신기)의 출발버튼을 통해 조작함

5) 열차제어시스템(Fixed Block)

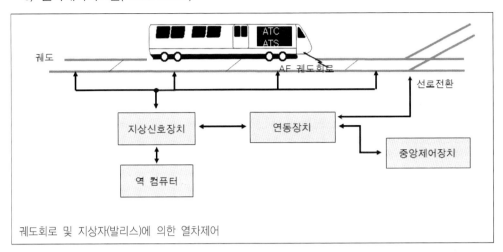

궤도회로 및 지상자(발리스)에 의한 열차제어

6) 이동폐색장치의 구축전략

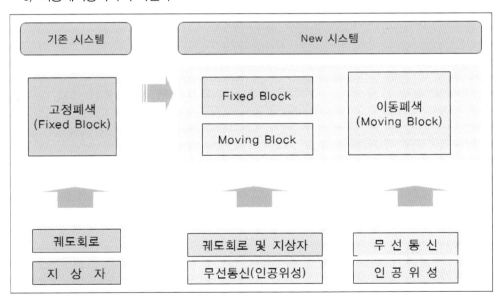

7) 기존 신호체계와 이동폐색장치와 비교

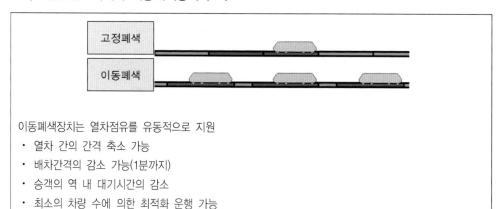

이동폐색장치는 열차점유를 유동적으로 지원
- 열차 간의 간격 축소 가능
- 배차간격의 감소 가능(1분까지)
- 승객의 역 내 대기시간의 감소
- 최소의 차량 수에 의한 최적화 운행 가능

8) 이동폐색장치의 기대효과

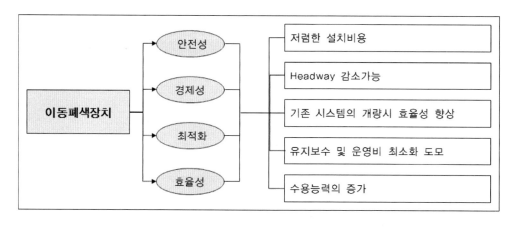

3.5 철도통신장치

1) 통신시스템의 개요

안전한 철도운행과 이용승객들의 쾌적하고 편안한 철도이용을 돕기 위해 다음과 같이 최첨단 통신시스템을 설치하여 운영할 예정임
- 운영관리를 위한 통신시스템: 광전송설비, 전화교환설비, 비상전화설비
- 열차운전을 위한 통신시스템: 유지보수무선설비, CCTV설비
- 여객 서비스를 위한 통신시스템: 자동방송설비, 열차행선안내설비

2) 통신시스템의 구성

구분	내용	비고
운영관리	광전송설비비	-
	전화교환설비	-
	비상전화설비	-
열차운전	유지보수무선설비	-
	CCTV설비	-
여객 서비스	자동방송설비	-
	열차행선안내설비	-

3) 통신설비의 기본조건

① 철도운영을 효율적으로 지원하고 철도서비스 이용자의 편익을 고려하여 설치
② 운영요원 간의 의사소통, 설비제어용 데이터 전송, 영상 감시망 및 이용 승객 통신서비스 등 신속, 정확하게 수행하기 위한 제반설비
③ 운영정보통신설비, 승객서비스 통신설비, 인명보호 및 재해방지통신설비, 경영정보시스템, 역무자동화설비로 구분

4) 통신설비의 종류

① 주 전송설비 및 전송선로
② 구내 자동전화교환설비(Private Automatic Branch Exchange)
③ 열차 무선전화설비(Train Radio System)
④ 관제직통전화설비(Dispatch Telephone System)
⑤ 역 간 직통전화
⑥ 화상감시설비(Closed Circuit Television)
⑦ 방송설비
⑧ 열차행선 안내게시기(Train Destination Equipment)
⑨ 연선전화기
⑩ 고성장치(Talk-Back)
⑪ 전기시계설비
⑫ 역무자동화설비(Automatic Fare Collection)

5) 역무용 통신설비

- 교환설비
- 정보통신망설비
- 정보통신망설비(LAN)
- 관제전화설비
- 여객안내설비
- 모사전송설비(FAX)
- 영상감시설비
- 교통약자 편의시설
- 전화설비
- 전기시계설비
- 방송설비

3.6 분기장치

1) 분기장치의 개요

열차 또는 차량을 한 궤도에서 다른 궤도로 전환시키기 위하여 궤도상에 설치한 설비기기를 분기기 또는 선로전환기라 함

- 포인트(Point or Switch : 전철기), 크로싱(Crossing : 철차), 리드(Lead)의 3부분으로 구성되며, 진로를 전환하는 전철장치와 전환고정의 쇄정장치로 구성됨
- 기존선의 분기번수는 일반적으로 #8, #10, #12, #15을 주로 사용하고 있으며 고속선 선로전환기는 UIC규격에 따라 제작된 분기기로서 크로싱을 사용한 철차번호가 #18.5, #26, #46 등이 사용되고 있음

2) 분기기의 열차진입방식

① 배향(Trailing)
- 차량이 분기기 후단부에서 전단부로 향하여 진입하는 경우
- 즉, 차량이 크로싱 쪽에서 포인트 쪽으로 향하여 진입하는 경우

② 대향(Facing)
- 차량이 분기기 전단부에서 후단부로 향하여 진입하는 경우
- 즉, 차량이 포인트 쪽에서 크로싱 쪽으로 향하여 진입하는 경우

③ 운전보안상 안전도로로는 배향분기가 대향분기보다 안전하고 위험성이 적음
④ 열차가 주로 대향으로 진행하는 대향분기기는 텅레일의 불밀착이나 크로싱부의 이선 진입의 우려가 있으므로 정거장의 배선(Track Layout) 등에서는 대향분기기를 될 수 있는 한 적게 하도록 계획하여야 함

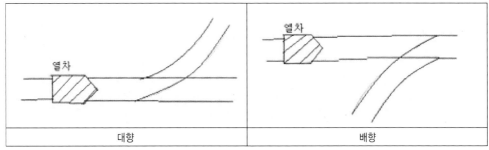

대향	배향

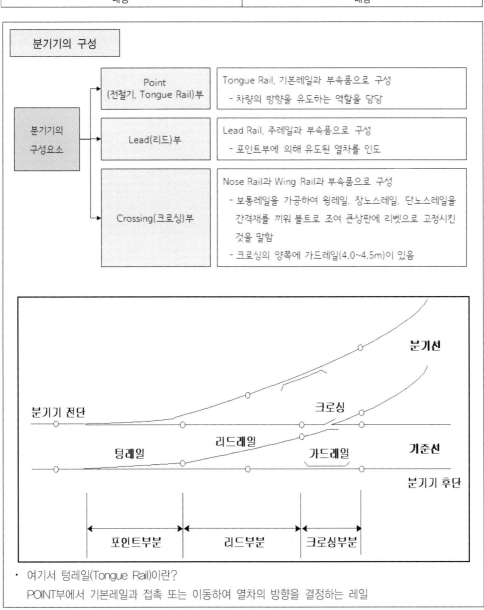

분기기의 구성		
분기기의 구성요소	Point (전철기, Tongue Rail)부	Tongue Rail, 기본레일과 부속품으로 구성 - 차량의 방향을 유도하는 역할을 담당
	Lead(리드)부	Lead Rail, 주레일과 부속품으로 구성 - 포인트부에 의해 유도된 열차를 인도
	Crossing(크로싱)부	Nose Rail과 Wing Rail과 부속품으로 구성 - 보통레일을 가공하여 윙레일, 장노스레일, 단노스레일을 간격재를 끼워 볼트로 조여 큰상판에 리벳으로 고정시킨 것을 말함 - 크로싱의 양쪽에 가드레일(4.0~4.5m)이 있음

• 여기서 텅레일(Tongue Rail)이란?
  POINT부에서 기본레일과 접촉 또는 이동하여 열차의 방향을 결정하는 레일

3.7 안전검지시설

1) 안전검지시설의 개요

> 열차의 속도가 빠르고 열차의 밀도증가에 따라 열차운전의 안전 확보와 효율적인 운행을 도모하기 위
> 한 불가결한 것으로 완벽한 안전장치를 필요로 함

- 여러 가지 안전장치가 있으며, 첨단기술이 적용되어 보다 안전하고 정밀한 관리가 되고 있는 실정임

2) 안전검지시설 종류

안전검지시설	내용	기능
집중감시장치	설비기능에는 지장이 없고, 기능저하 또는 고장을 미리 알려주는 장치	전기전철기의 쇄정불량
		궤도회로의 착전 전압의 강하
		신호용 전신의 접지
		2중계 설비의 1중계 불량
	설비가 사용할 수 없게 됨을 알려주는 장치	전기전철기의 전환불능 또는 불량(정반위 표시불능)
		건널목 보안설비의 전원·전압 간하, 단속경보, 무경보
		건널목 지장 통지장치, 장애물 검지장치의 작동
장애물 검지장치 및 통지장치	검지장치	낙석검지
		한계지장검지
		건널목장애물
		토사붕괴검지
	통지장치	건널목 지장
		낙석경보
		한계지장경보

3) 안전검지 장치별 특징

① 축소검지장치
- 상하선 평균 30km 간격, 상기울기, 곡선 및 상시 제동구간은 설치하지 않음
- 차축과열로 인한 탈선사고 방지
- 이상 과열 시 양쪽 Loop Cable에 검지정보를 전송하여 차량에서 알 수 있도록 함

② 지장물 검지장치
- 검지선을 2개선으로 설치
- 선로 위를 지나는 고가차도나 낙석, 토사붕괴 우려지역에서 자동차, 토사의 침입을 검지하여 사고예방
- 1선 단선 시 무선으로 기관사에게 주의운전 유도
- 해당 궤도회로에 정지신호 전송
- 기관사 확인 후 지장을 주지 않으며 주의운전 유도

③ 끌림 물체 검지장치
- 약 60km 간격마다 선로중앙에 설치
- 차체하부의 부속품이 이완되어 궤도시설이 파괴되는 것을 방지
- 기관사는 열차 정지 후 차량상태 확인 및 끌림 물체 제거

④ 강우검지장치
- 20km 간격으로 설치
- 집중호우로 인한 지반침하, 노반붕괴 우려 시 열차 정지 또는 서행

⑤ 풍속검지장치
- 강풍 시의 열차운행속도 제한

⑥ 적설검지장치
- 폭설 시의 열차운행속도 제한

⑦ 레일온도 검지장치
- 레일온도의 급격한 상승으로 인한 장출 방지
- 한계온도 이상으로 상승 시 경보장치, 운전 규제하여 탈선 예방

⑧ 터널경보장치
- 모든 터널에 설치
- 터널 내 작업자 및 순회자의 안전 확보
- 열차가 접근하면 경보를 주어 터널 내에 있는 작업자 등이 대피하도록 경보

⑨ 안전스위치
- 선로 변 약 250~300m 간격
- 선로순회자나 작업자가 위험요소 발생 시 스위치를 눌러 진입열차를 정지시킴

⑩ 연선전화
- 선로순회자나 작업자가 이상 발생 시 관련자와 직통으로 통화

⑪ 선로순회 직원의 무전기
- 선로순회자나 작업자가 무전기를 휴대하여 이상 발생 시 부근의 기관사와 통화

3.8 철도소음 및 진동방지

1) 철도소음 및 진동의 심각성

열차운행으로 인한 소음 및 진동은 환경을 중히 여기는 21세기에서 이와 같은 문제점을 극복하지 않고는 친환경적인 교통수단으로 발전할 수 없으므로 노선계획 및 설계·시공 단계부터 이에 대한 대책을 강구하여야 함

철도소음의 발생원인

- 집전음: Panta Graph 가선에서 발생음
- 공력음: 차체가 공기를 가르는 음
- 전동음: 차륜과 레일의 접촉음
- 구조물음: 구조물 진동으로 발생하는 2차 소음, 소음 Head는 100~250km/h 영역에서 속도의 2승에 비례함

2) 철도공해의 종별과 처리의 현상

① 철도공해 종별
- 소음, 진동
- TV 수신장애
- 열차 화장실 오물처리

② 대책
- 소음: 가옥의 방음공사, 이전공사
- 진동원 대책: 가옥방진공
- TV 수신장애, 일조저해: 비용부담으로 해결
- 화장실 오물: 차상 탱크 저유식

3) 철도계획을 통한 문제점 해결

① 설계협의
- 지방자치단체와 환경영향 조사내용을 협의
- 도시계획으로서 철도노선에 연한 도로, 공원, 녹지 등 계획을 협의

② Root 선정상
- 소음대책으로 가급적 인가를 피함
- 지형·지물 변경은 적게 하고 조경·녹화에 힘씀
- 터널 이용 시 누수문제 주의, 인가가 가까운 터널 직결도상은 피함

③ 설계계획상
- 측도설치
- 차량기지에는 정화시설, 하수설비 고려

4) 시설계획을 통한 문제점 해결

① 구조물 대책
- 방음벽: 레일 면으로부터 일정 높이에 방음벽 설치, 역L형 방음벽(2~3dB 감소)
- Concrete Beam 채용(강구조 제한)
- 구조물 중량화

② 궤도대책
- 60kg Rail, Long Rail 채택
- Slab 궤도: Slab Mat, Ballast 궤도-Ballast 아래 고무 Mat
- 레일연마: 파상마모
- 탄성침목, 직결궤도 채용

③ 가선대책
- 가선 Hanger 간격축소(5m → 3.5m)
- 스파이크 음 감소

④ 차량대책
- 차량바닥 밑 기계류의 완전한 Body Mound 구조
- 팬터의 압상력 향상
- 타이어 플랫을 방지하는 설비

⑤ 터널공기압 음 대책
- 터널입구 측에 터널 단면적의 1.5배 정도의 단면을 갖는 완충공(Hood) 설치

1. 신호전기설비의 정의와 철도신호의 개요에 대해 살펴보자.

2. 신호시스템의 역사와 발전 추이에 대해 생각해 보자.

3. 신호보안설비의 종류를 어떠한 기준으로 분류하고 각 장치의 특징에 대해 논해 보자.

4. 철도신호기와 절대신호기의 차이점은 무엇일까?

5. 철도의 신호현시는 어떻게 구성되어 있는지 논해보자.

6. 상치신호기란 무엇인지 설명하고, 상치신호기의 종류에 대해 생각해 보자.

7. 자동승차권 판매시스템의 종류에 대해 논해 보자.

8. 자동발권기와 자동발매기의 차이점은 무엇일까?

9. 철도전기설비의 구성에 대해 생각해 보고, 구성요소들의 특징에 대해 논해 보자.

10. 궤도회로장치란 무엇일가?

11. 궤도회로의 원리에 대해 논해 보자.

12. 절연 유무에 따른 궤도회로의 분류는 무엇이며 어떤 기준에 의해 분류되는지 생각해 보자.

13. 궤도회로의 종류에는 어떤 것이 있을까?

14. 연동장치의 의미에 대해 생각해 보자.

15. 연쇄란 무엇이며, 연쇄의 종류와 연쇄방식에 대해 그림을 그려 살펴보자.

16. 쇄정의 종류에는 무엇이 있는지 생각해 보자.

17. 전기연동장치와 전자연동장치의 차이점을 표를 통해 살펴보자.

18. 폐색장치란 무엇일까?

19. 폐색장치의 기능은 무엇이며, 구성은 어떻게 되는지 생각해 보자.

20. 폐색장치는 운행방식별로 어떻게 달라지는지 논해 보자.

21. 고정폐색과 이동폐색의 차이점을 살펴보고, 이동폐색의 이동방식을 그림을 그려 생각해 보자.

22. 자동폐색장치는 어떻게 분류되는지 살펴보자.

23. 궤도회로 및 지상자에 의한 열차제어방식을 도식화하여 살펴보자.

24. 이동폐색장치의 기대효과에는 어떤 것들이 있는지 논해 보자.

25. 분기장치에 대해 설명하고, 열차진입방식에 따른 분기장치의 기능에 대해 논해 보자.

26. 열차의 안전검지시설의 종류와 기능에 대해 논해 보자.

27. 안전검지 장치별 특징에는 어떤 것이 있는지 생각해 보자.

28. 철도건설에 따른 소음 및 진동방지 대책에는 어떤 것이 있는지 생각해 보자.

참고문헌

국내문헌

원제무, 알기 쉬운 도시교통론, 박영사, 2002

원제무, 대중교통경제론, 보성각, 2003

원제무, 프로젝트 계획·투자·파이낸싱, 박영사, 2008

원제무, 도시교통론, 박영사, 2009

김기화, 김현연, 정이섭, 유원연, 철도시스템의 이해, 태영문화사, 2007.

이종득, 철도공학개론, 노해, 2007.

서사범, 철도공학, BG북갤러리, 2006.

서사범, 철도공학의 이해, 얼과알, 2000.

한국철도학회, 알기 쉬운 철도용어 해설집, 2008

교통개발연구원, 21세기 육상교통의 전망과 정책방향, 자동차2천만대 대비 교통종합대책 세미나, 1999.

교통개발연구원, 도시철도 건설부채 해소대책과 추진전략, 2002

교통개발연구원, 도시철도 건설재원의 확충방안 모색(김재형), 월간교통, 1999.

교통개발연구원, 교통시설 특별회계의 운용현황과 문제점 및 개선방안, 1998

서울시 지하철건설본부. 서울지하철 6,7,8,9호선별 개선방안, 1998

인천광역시 지하철 건설본부, 인천도시철도 1호선 기본설계, 1993

김훈·이장호, 광역권경제권의 지속가능 발전을 위한 철도망 확충 및 고속철도 역세권 개발 방향, 한국교통연구원, 2009

이장호, 고속철도 수요분석을 위한 지역 간 통행수단 선택모형 구축, 교통연구, 제16권, 제2호, 2009, pp.27~40

이장호·장수은, 지역 간 통행의 효율성 제고를 위한 고속철도 이용 증대방안 연구, 한국교통연구원, 2005

한국철도시설공단, 2010년도 철도사업 설명자료, 2010

성현곤, 김동준, 서울시 역세권에서의 토지이용 및 도시설계 특성이 대중교통 이용증대에 미치고 영향분석, 대한교통학회지.

김태호 등, 대중교통지향형 개발을 위한 역세권 성장 방법 및 적용연구 김태호 등, 서울시 역세권 대중교통 이용수요영향인자 심층분석.

성현곤, 대중교통중심개발(TOD)이 주택가격에 내치는 잠재적 영향

권영종·오재학, 대중교통지향형 도시개발과 교통체계 구축방안, 교통연구개발연구원, 2004.

박진영·김동준, 대중교통정책 수립에 있어서 교통카드자료 활용방안연구, 한국교통연구원, 2006.

성현곤·권영종, 고용입지변화에 따른 주거입지 및 통근통행의 변화에 관한 연구 : 강남역세권을 중심으로, 국토계획41(4):59~75, 2006.

성현곤·권영종·오재학. 대중교통지향형 도시개발 유도를 위한 금융 및 세제지원방안 : 미국사례를 중심으로. 국토연구 47:89~105, 2005

성현곤·김태현. 서울시 역세권의 유형화에 관한 연구 : 요인별 시간대별 지하철 이용인구를 중심으

로. 대한교통학회지 23(8):19~30, 2005.

성현곤·노정현·박지형·김태현, 고밀도도시에서의 토지이용이 통행패턴에 미치는 영향, 국토계획 41(4):59~75, 2006

양재섭·김정원, 일본의 도시재생정책 추진체계와 시사점, 경제포커스, 2007.

양재호, 역세권 개발방향의 모형설정에 관한 연구, 성균관대학교 대학원 박사학위 논문, 2000.

이승일,GIS를 이용한 수도권 지하철 광역접근도 분석연구, 국토계획39(3):261~277, 2004.

이재훈, 철도역 중심의 연계교통 활성화 방안 연구, 한국교통연구원, 2007

임주호, 도시철도 이용수요에 영향을 미치는 역세권 토지이용특성, 서울대학교 대학원 박사학위 논문, 2006.

임희지, 고밀다핵도시 서울의 대중교통이용 활성화를 위한 역중심 개발 유도방안 연구, 대한교통학 회지25(5):93~104, 2005.

정석희 외3인, 철도역세권 개발제도의 도입방안에 관한 연구, 건설교통부·국토연구원, 2003.

최봉문·김용석, 철도역세권 정비촉진을 위한 특별법안 자문보고서, 미출간 보고서, 2007.

최봉문·김용석, 철도역세권 개발 제도개선 방안, 미출간 보고서, 2007.

김도년·양우현·정동섭, 외국 고속철도 역세권 개발사례의 비교분석을 통한 계획적 의미에 관한 연 구, 대한건축학회 논문집, 계획계 21권 8호(통권 202호), 2005. pp. 169-176.

이현주, 프랑스 수도권의 다핵구조화-TGV 역세권 개발과의 관계를 중심으로, 국토 제 272권, 국토연 구원, 2004. pp. 52-63

김종학 외, 승용차 이용가치를 고려한 교통정책 수립방안 연구, 국토연구원, 2008.

국토해양부, 철도투자평가편람, 2009.

김현·김연규·정경훈, 대심도 철도정책의 실행방안, 한국교통연구원, 2009.

이백진, 새로운 대중교통정책 방향 모색-모빌리티 매니지먼트(Mobility Management), 국토정책브리프 제176호, 국토연구원, 2008.

이성원 외, 지속가능 교통·물류정책 추진을 위한 제도정비 방안, 한국교통연구원, 2007.

이춘용 외, 도로 공간의 복합적 기능 활성화 방안 연구, 국토연구원, 2007.

정병두·김현·황연기, 급행철도 도입에 따른 전환수요 분석, 대한교통학회지 제27권 제3호, 2009, pp. 131-140.

한국교통연구원, 대구권 광역철도 기본조사, 2009.

국토해양부, 『KTX 역세권 중심 지역 특성화 발전전략 연구』, 2010.

김병오 외, "철도 민자역사의 효율적 개발 방안 연구", 『한국철도학회논문집』, 2006.

문대섭 외, "철도 역시설의 입지와 규모에 관한 기초 연구", 한국철도학회, 2002.

성현곤·김태현, "서울시 역세권의 유형화에 관한 연구", 『대한교통학회지』, 제23권, 제8호, 2005.

이경철, "외국 고속철도 역의 기능과 역할", 『한국철도기술』, 제37호, 2002.

임덕호 "교통투자가 도시공간구조와 지가에 미치는 영향", 『주택연구』, 제 14권, 제3호, 2006.

이용상·신민호, "21세기 철도발전 방향". 『한국철도학회지』, 제3권, 제1호, 2000.

이용상, "철도가 가져온 사회경제적 변화에 관한 정성적 연구", 『한국철도학회논문집』, 제 12권, 제5 호, 2009.

전명진, 『수도권 교통시설이 지역경제에 미치는 파급효과에 관한 연구』, 경기개발 연구원, 2001

정일호·강동진·지광석, 『교통기술혁신이 국토공간에 미치는 영향분석 연구』, 국토연구원, 2002.

조남건, 『해외 역세권 개발의 허와실』, 국토연구원, 2007,

주경식, "경부선 철도건설에 따른 한반도 공간조직의 변화", 『대한지리학회지』, 제29권, 제3호, 1994.

국외문헌

Bergmann, D. R., Generalized Expression for the Minimum Time Interval between Consecutive Arrivals at an Idealized Railway Station, Transportation Research, 1972 vol. 6, pp. 327~341

Canadian Urban Transit Association, Canadian Transit Handbook, 1989

Gill, D.C., and Goodman, C.J., Computer-based Optimization Techniques for Mass Transit Railway Signalling Design, IEE, 1992

Lang, A.S. and Soberman, R.M., Urban Rail Transit : 9ts Economics and Technology, MIT press, 1964

Levinson, H.S. and etc, Capacity in Transportation Planning, Transportation Planning Handbook, ITE, Prentice Hall, 1992.

Vuchic, Vukan R., Urban Public Transportation Systems and Technology, Pretice-Hall Inc., 1981.

Calthrope, P. 「The Next American Metropolis : Ecology, Community, and the American Dream」, Princeton Architectural Press, 1993.

Cervero, et.al, "Transit-Oriented Development in the United States : A Literature Review", Transit Cooperative Research Program, 2002.

Cervero, R, and C. Radisch, "Travel Choices in Pedestrain Versus Automobile Oriented. Neighborhoods," Transport Policy, Vol. 3, pp. 127-141, 1996.

Cervero, R, "Mixed Land Uses and Commuting: Evidence from the American Housing Survey", Transportation Research Part D Vol. 2, 1997

Cervero, R and K. Kockelman, "Travel Demand and the 3Ds: Density, Diversity, and Design", Transportation Research D Vol. 2, 1997

City of Seattle, 「Comprehensive Plan」, Department of planning and Development, 1994.

City of Seattle, 「Comprehensive Plan: Toward a Sustainable Seattle(2004-2024)」, Department of planning and Development, 2005.

Dittmar, H. and S. Poticha, "Defining Transit-Oriented Development: The New Regional Building Block," In H. Dittmar and G. Ohland(Eds.), 「The New Transit Town: Best Practices in Transit-Oriented Development」 (pp.20-40), 2004.

Ewing, R. and R. Cervero, "Travel and the Built Environment: A. Synthesis," Transportation Research Record, No. 1780, pp. 87-114. FHWA, 2001.

Handy, S., "Regional Versus Local Accessibility: Implications for Nonwork Travel", Transportation Research Record 1400, pp.58-66, 1993.

Krizek, K., "Residential Relocation and Changes in Urban Travel: Does neighborhood-scale urban from matter?", Journal ot the American Planning Association 69: 265-281, 2003.

Lawrence D. F., Martin A. A., Thomas L. s., "Obesity Relationship with Community Design, Physical Activity, and Time Spent in Cars", American Journal of Preventive Medecine, Volume 27(2): pp. 87-96, 2004.

Vojnovic, I., Jackson-Elmoore, C., and Bruch. s., "The Renewed Interest in Urban From and Public Health: Proomoting Increased Physical Activity in Michigan," Cities, Vol.23(1): pp. 1-17, 2006.

Dittmar, H., and G. Ohland, eds. The New Transit Town: Best Practices in Transit- Oriented Development. 2004. Island Press. Washington, D.C.p.120.

Mass Transit Administration(1988) Access by Design: Transit's Role in Land Development. Maryland

Department of Transportation

Ontario Ministry of Transportation(1992) Transit-Supportive Land Use Planning Guidelines.

Ewing, R.(1999) Best Development Practices: A Primer. EPA Smart Growth Network, pp. 1-29.

Ewing, R.(2000) Pedestrian-and Transit-Friendly Design: A Primer for Smart Growth, EPA Smart Growth Network, pp. 1-22.

P.N.Seneviratne, "Acceptable Walking Distances in Central Areas," Journal of Transportation Engineering, Vol. 3, 1985, pp. 365~376

Leamer, E., "A Flat World, a Lavel Playing Field, a Small World After All, or None of the Above? A Review of Thomas L. Firedman's THe World is Flat." Journal of Economic Literature, 45(1), March 2007, pp. 83-126.

Ohmae, K., The Borderless World : Power and Strategy in the Interlinked Economy, Collins Business, 1999.p.276

Bollinger C.R. and K.R Ihlanfeldt(1997)"The Impact of Rapid Transit on Economic Development: the case of Atlanta's MARTA." Journal of Urban Economics 42, 179-204.

Cervero, R. andJ. Landis(1997) "Twenty years of the Bay Area Rapid Transit System: lan use and development impacts," Transportation Research A 31(4), 309-333.

Green R. D. and D.M.James, Rail Transit Station Area Development: Small Area Modeling in Washington, DC, M. E. Sharpe, Armonk NY 1993.

Miller, H.J.(1999) "Measuring Space-Time Accessibility Benefits within Transportation Networks: basic theory and computational procedures" Geographic Analysis 31(1), 1-26

Landis, J. and D.Loutzenheiser(1995) " Bart at 20: Bart Access and Office Building Performance," Institute of Urban and Regional Development Work Paper 648, University of California at Berkeley

O'sullivan, D., A.Morrison, and J. Shearer.(2000) "Using Desktop GIS for the Investigation of Accessibility by Public Transport: an Isochrone Approach," Int,J.Geo. Info.Sys.14(1), 85-104.

Moshe Givoni, Development and Impact of the Modern High-Speed Train : A review, Transport Reciewsm Vol. 26, 2006.

OECD, How Region Grow, 2009

Roger Vickerman, Klaus spiekermann and Michael Wegener, Accessibility and Economic Development in Europe, Regional Studies, Vol 33, 1999.

Bamberg, s., and Schmidt, P., Change Travel Mode Choice as Rational Choice : Results from a Longitudinal Intervention Study, Rationality and Society, Vol. 10, 1998, pp. 223-252.

Dawes, R., Behavioral Decision Making, Judgement, and Inference, Handbook of Social psychology, D. Gilbert, S. Fiske and Linsey(eds.), Mcgraw-Hill, 1997.

Fujii., Garling, T., and Kitamura, R, Changes in Dreivers' Perceptions and Use of Public Transport during a Freeway Closure : Effects of Temporary Structural Change on Cooperation in a Real-Life Social Dilemma, Environment and Behavior, Vol. 33, No. 6, 2001, pp. 796-808.

Hsin-Li Chang and Shun-Cheng Wu, Exploring the Vehicle Dependence Behind Mode Choice : Evidence of Motorcycle Dependence in Taipei, Transportation Research Part A 42, 2008, pp. 307-320

David A, Hensher "A Practical Approach to Market Potential for High Speed Rail: A Case Study in the Sydney-Canberra", Transportantion Part A, Vol 31, 1997.

David Emmanuel Andersson, Oliver F. Shyr and Johnson Fu, "Does High-Speed Rail Accessibility Influence Residential Prices?", Jaumal of Transport Goeraphy, Vol, 18, 2010.

Kingsley E. Haynes, "Labor Markets and Regional Transportation Improvement: Case of High-Speed Train", Transport Pdicy, Vol. 17, 2010.

Marta Sanchez-Borras, Chis Nash, Pedro Abrantes, Andres Lopea-Pita, "Rail Access Charge and Competitiveness of High Speed Train", Transport Policy, Vol 17, 2010.

「웹사이트」

한국철도공사 http://www.korail.com

서울메트로 http://www.seoulmetro.co.kr

서울시도시철도공사 http://www.smrt.co.kr

한국철도기술연구원 http://www.krii.re.kr

한국개발연구원 http://www.kdi.re.kr

한국교통연구원 http://www.koti.re.kr

서울시정개발연구원 http://www.sdi.re.kr

국토해양부 http://www.mltm.go.kr

한국철도시설공단 http://www.kr.or.kr

건설교통부 : http://www.moct.go.kr/

법제처 : http://www.moleg.go.kr/

서울시청: http://www.seoul.go.kr/

일본 국토교통성 도로국: http://www.mlit.go.jp/road

국토해양통계누리 http://www.stat.mltm.go.kr

통계청 http://www.kostat.go.kr

색인

원제무

UCLA 교통계획 석사
MIT 교통공학 박사
대한국토·도시계획학회장
한양대학교 도시대학원 교수

박정수

한양대학교 공학대학원 도시공학 석사
한양대학교 도시대학원 도시공학 박사
(사)철도연구원장
동양대학교 철도경영학과 및 동 대학원 철도교통정책학과 교수

서은영

한양대학교 공학대학원 도시공학 석사
한양대학교 도시대학원 박사과정
동양대학교 대학원 철도교통정책학과 겸임교수
(사)도시SOC연구원장

알기 쉬운
철도교통시스템론

초판인쇄 | 2012년 7월 25일
초판발행 | 2012년 7월 25일

지 은 이 | 원제무 · 박정수 · 서은영
펴 낸 이 | 채종준
펴 낸 곳 | 한국학술정보㈜
주   소 | 경기도 파주시 문발동 파주출판문화정보산업단지 513-5
전   화 | 031) 908-3181(대표)
팩   스 | 031) 908-3189
홈페이지 | http://ebook.kstudy.com
E-mail | 출판사업부 publish@kstudy.com
등   록 | 제일산-115호(2000. 6. 19)

ISBN   978-89-268-3450-3 93530 (Paper Book)
        978-89-268-3451-0 95530 (e-Book)